U0214524

鸡病鸭病
速诊快治

江 斌　　陈少莺　　主编

参编人员：林 琳　　吴胜会
张世忠　　邬良贤
万春和

海峡出版发行集团 | 福建科学技术出版社
THE STRAITS PUBLISHING & DISTRIBUTING GROUP | FUJIAN SCIENCE & TECHNOLOGY PUBLISHING HOUSE

图书在版编目（CIP）数据

鸡病鸭病速诊快治 / 江斌，陈少莺主编 . —福州：
福建科学技术出版社，2018.10（2021.5 重印）
（新型职业农民书架·动植物小诊所）
ISBN 978-7-5335-5665-5

Ⅰ.①鸡… Ⅱ.①江… ②陈… Ⅲ.①鸡病 – 诊疗②
鸭病 – 诊疗 Ⅳ.① S858.31 ② S858.32

中国版本图书馆 CIP 数据核字（2018）第 196762 号

书　　名　**鸡病鸭病速诊快治**
　　　　　新型职业农民书架·动植物小诊所
主　　编　江斌　陈少莺
出版发行　福建科学技术出版社
社　　址　福州市东水路 76 号（邮编 350001）
网　　址　www.fjstp.com
经　　销　福建新华发行（集团）有限责任公司
印　　刷　福建新华联合印务集团有限公司
开　　本　700 毫米 ×1000 毫米　1 / 16
印　　张　11
图　　文　176 码
版　　次　2018 年 10 月第 1 版
印　　次　2021 年 5 月第 6 次印刷
书　　号　ISBN 978-7-5335-5665-5
定　　价　38.00 元
　　　　　书中如有印装质量问题，可直接向本社调换

前言 —— FOREWORD

　　养禽业（特别是养鸡和养鸭）是我国农村农民发家致富的主要产业之一。近年来，随着异地贩运家禽的日益频繁，禽病问题越来越复杂，一些老病尚未得到有效控制，另一些新病又不断出现。为了更好地普及禽病防治知识，推广禽病最新防治技术，我们在多年临床实践的基础上，结合近年国内外禽病诊治的研究成果，编写了这本《鸡病鸭病速诊快治》。在编写过程中，我们注重临床经验总结，尽量做到图文并茂，以增强可读性。希望本书能对广大养殖户和基层兽医人员提高禽病诊断与防治技术水平有所帮助。

　　本书共分为上、下两篇。上篇鸡病速诊快治，在介绍鸡病综合防治与鉴别诊断的基础上，着重介绍42种鸡病的诊治技术；下篇鸭病速诊快治，在介绍鸭病综合防治与鉴别诊断的基础上，着重介绍30种鸭病的诊治技术。每种疾病均以简明扼要文字介绍其流行特点、临床症状、病理变化、诊断、防治措施等，辅以彩图直观地展示病状和病理变化特征。

　　本书获得福建省农业科学院专项基金资助（项目编号CBZX2017-6）。

　　由于我们水平有限，疏漏错误之处在所难免。恳请各位同仁以及广大读者批评指正。

作者

上 篇
鸡病速诊快治

下 篇
鸭病速诊快治

上 篇

鸡病速诊快治

一、鸡病综合防治与鉴别诊断

鸡病防治的一般原则是"预防为主，防重于治"。采取各种有效的综合性预防措施，是防止鸡病发生的根本。综合性预防措施具体内容包括：场址的合理选择，鸡舍的合理布局和良好建筑，引进健康无带菌的鸡苗，全进全出的饲养方式，科学的饲养管理，严格的卫生消毒隔离制度，科学的药物预防保健计划和疫苗免疫接种程序，以及定期做好疫苗免疫抗体监测等。

根据鸡病特征性症状和病理变化，做出正确的临床诊断，是做好鸡病防治的基础。

（一）卫生消毒工作

1. 消毒剂的种类

目前兽药店内卖的消毒药品品种繁多，大致可分为如下几类：酚类（如复合酚），醇类（如酒精），碱类（如氢氧化钠、氧化钙），卤素类（如含氯石灰、碘酊、聚维酮碘），氧化剂类（如过氧乙酸、高锰酸钾），季铵盐类（如癸甲溴铵），挥发性烷化剂类（如甲醛、戊二醛），表面活性剂类（如苯扎溴铵）。根据不同的场所、不同的饲养条件，因地制宜地选择相应的消毒剂。

2. 消毒类型

（1）紫外线照射消毒：在进入生产区的门口更衣间内装一盏紫外线灯，进出人员在更衣的同时进行 5 分钟的紫外线消毒。

（2）饮水消毒：若鸡场的饮用水采用河水、山泉水或井水，则要进行饮水消毒，每 1000 升水添加 2~4 克的含氯石灰（漂白粉）。对于发生疫病时的饮水消毒除了使用漂白粉之外，还可以用其他类型的消毒水（如季铵盐类）。

（3）熏蒸消毒：对于育雏室、种蛋以及密闭的房屋和仓库均可使用熏蒸消毒。具体做法是，每立方米容积的房舍用 40% 甲醛（福尔马林）25 毫升、水 12.5 毫升、高锰酸钾 25 克，并按上述顺序逐一添加（注意：不能先加高锰酸钾后加福尔马林，否则会发生爆炸等意外事故）。添加高锰酸钾粉后，人员要迅速离开消毒房间，并关闭窗门 10 小时以上才有效果。此外，也可以直接采用甲醛或过氧乙酸消毒水进行加热熏蒸消毒。

（4）污染场所的消毒：污染场所首先要采用清水冲洗干净，然后再用各种消毒药进行消毒。若使用氢氧化钠等腐蚀性较强的消毒药，消毒后还要用清水再冲洗 1~2 遍，以免对人畜禽皮肤造成腐蚀性伤害。

（5）带鸡喷雾消毒：用季铵盐类或戊二醛消毒水，按说明浓度定期地对鸡群进行带鸡喷雾消毒。消毒时间应避开寒冷天气，选在良好天气时消毒。

（6）门口消毒池及周围场所消毒：可选用复合酚、氧化钙等进行消毒，每周 1~2 次。

（7）职工洗手及蛋筐消毒：用季铵盐、戊二醛、苯扎溴铵等消毒水，按规定比例配制后进行消毒。这些药剂对皮肤刺激性小、无明显的臭味。

（8）种蛋的消毒：种蛋的消毒除了可用甲醛进行熏蒸消毒外，还可选用复合酚或癸甲溴铵按比例稀释后进行喷雾消毒，也可选用表面活性剂类消毒药按比例稀释后进行浸泡消毒，待消毒水沥干后再入孵。

3. 鸡场的卫生消毒制度

（1）鸡场及各幢鸡舍门口要设立消毒池，池内消毒水要定期添加或更换。饲养员和兽医管理人员进出鸡舍时要更换工作衣、鞋、帽，并进行相应的洗涤和消毒。不同幢的饲养人员不要相互走动，严格控制外来人员进出鸡场。车辆进场需经门口消毒池消毒处理，车身和底盘等要进行高压喷雾消毒。

（2）鸡舍在全进全出前后都要进行冲洗和消毒工作。在平时饲养过程中还要定期地进行鸡舍消毒，在天气暖和时可以进行带鸡消毒。饮用水若采用井水、山泉水或河水，还要在水中添加含氯石灰进行消毒处理。育雏舍、孵化舍、仓库等要进行熏蒸消毒。周转蛋架或蛋筐以及鸡苗筐等都要经特定的消毒后才能使用。

（3）鸡场中若发现病死鸡时要及时通知兽医人员进行检验。经兽医人员检查、登记后病死鸡要进行无害化处理（如高压灭菌或在远离鸡场的某个特定地方进行深埋、消毒处理），不能随便乱丢。怀疑是烈性传染病的要立即停止解剖，做好场地消毒工作，并立即上报有关部门进行处理。

（二）药物预防保健计划

根据鸡的不同生长或生产阶段容易出现的疾病及时地给予一些药物预防，可大大地提高鸡苗的成活率、均匀度，保持鸡群正常生产。具体包括如下几个阶段。

（1）1~3日龄：在饮水中按说明用量添加多种维生素和盐酸环丙沙星（或氟苯尼考），一方面可减少鸡苗运输应激反应，另一方面对雏鸡的大肠杆菌、沙门菌等也有一定的防治作用，提高育雏成活率。

（2）8~20日龄：在这期间要喂2个疗程的酒石酸泰乐菌素或磷酸替米考星或延胡索酸泰妙菌素（按说明使用），每个疗程持续2~3天，间隔5天再用1个疗程，目的是预治鸡的支原体病。鸡支原体病控制好了，日后鸡群发生鸡大肠杆菌病的程度会大大地减轻。

（3）15~70日龄：平地饲养的雏鸡，在这期间每隔10天要喂1个疗程为期2~3天的抗球虫药（若采用网上育雏或使用球虫疫苗，可以不用药物预防）。具体药物及其用法详见本书70~71页。

（4）25~50日龄：对于易发生硒缺乏症的鸡场或某些鸡品种（如黑脚肉鸡），可在这期间适当提高饲料中硒的含量，或额外地添加少量的亚硒酸钠粉。

（5）天气转变时期：在夏天炎热天气或季节交替、气候骤变时，要在饲料或饮水中适当地添加一些抗应激药物。如夏天高温时期，在每1000千克的饲料中，可添加1000~2000克的碳酸氢钠或300克的维生素C粉。在气候骤变时，饲料中要提高维生素E和维生素C的含量。

（三）蛋鸡和肉鸡的疫苗免疫程序及其免疫监测

1. 蛋鸡免疫保健程序（表1-1）

表 1-1 蛋鸡免疫保健程序

日龄	兽药与疫苗名称	剂量	用法	备注
1 日龄	鸡马立克病活疫苗	1 羽份	皮下注射	选用液氮苗
7	鸡新城疫、传染性支气管炎二联活疫苗（L-H$_{120}$）	2 羽份	气雾、滴鼻或饮水	
11	鸡传染性法氏囊病活疫苗	3 羽份	滴嘴或饮水	
11—12	酒石酸泰乐菌素		按说明使用	选择使用
14	鸡痘活疫苗 H$_5$ 亚型禽流感灭活疫苗	1~2 羽份 0.4~0.5 毫升	无毛处皮肤刺种 肌内注射	
18	鸡新城疫、传染性支气管炎、H$_9$ 亚型禽流感三联灭活疫苗	0.3~0.5 毫升	肌内注射	
19~20	酒石酸泰乐菌素		按说明使用	选择使用
20	鸡传染性法氏囊病活疫苗	3 羽份	滴嘴或饮水	
21~22	抗球虫药		按说明使用	选择使用
30	H$_5$ 亚型禽流感灭活疫苗	0.5~0.6 毫升	肌内注射	
31~32	抗球虫药		按说明使用	选择使用
35	鸡传染性喉气管炎活疫苗	1 羽份	点眼、涂肛、饮水	选择使用
41~42	抗球虫药		按说明使用	选择使用
55	鸡新城疫、传染性支气管炎二联活疫苗（L-H$_{52}$）	3 羽份	饮水	
100	鸡传染性鼻炎灭活疫苗	0.5~0.7 毫升	肌内注射	
110	鸡新城疫、传染性支气管炎、减蛋综合征三联灭活疫苗	0.6~0.8 毫升	肌内注射	
115	H$_5$ 亚型禽流感灭活疫苗	0.8~1.0 毫升	肌内注射	
120	H$_9$ 亚型禽流感灭活疫苗	0.7 毫升	肌内注射	
250	H$_5$ 亚型禽流感灭活疫苗	0.8~1.0 毫升	肌内注射	

备注：（1）本程序仅供参考，不同地区、不同品种鸡、不同气候要做适当的调整。

（2）小鸡在 20 日龄之前的育雏期间要做好保温和通风工作。

2. 肉鸡的疫苗免疫与保健程序（表1-2）

表1-2 肉鸡疫苗免疫与保健程序

日龄	兽药与疫苗名称	剂量	用法	备注
1	鸡马立克病活疫苗	1羽份	皮下注射	
7	鸡新城疫、传染性支气管炎二联活疫苗（L-H_{120}）	2羽份	气雾、滴鼻或饮水	
11	鸡传染性法氏囊病活疫苗	3羽份	滴嘴或饮水	
11~12	酒石酸泰乐菌素		按说明使用	选择使用
14	鸡痘活疫苗 H_5亚型禽流感灭活疫苗	1~2羽份 0.4~0.5毫升	无毛处皮肤刺种 肌内注射	选择使用
18	鸡新城疫、传染性支气管炎、H_9亚型禽流感三联灭活疫苗	0.3~0.5毫升	肌内注射	
19~20	酒石酸泰乐菌素		按说明使用	选择使用
20	鸡传染性法氏囊病活疫苗	3羽份	饮水	
21~22	抗球虫药		按说明使用	选择使用
30	H_5亚型禽流感灭活疫苗	0.5~0.6毫升	肌内注射	
31~32	抗球虫药		按说明使用	选择使用
41~42	抗球虫药		按说明使用	选择使用
60	鸡新城疫活疫苗或灭活疫苗	3羽份或0.5毫升	饮水免疫或肌内注射免疫	饲养期超过120天的肉鸡使用

备注：（1）本程序仅供参考，不同地区、不同品种鸡、不同气候要做适当的调整。

（2）小鸡在20日龄之前的育雏期间要做好保温和通风工作。

3. 做好疫苗免疫抗体的监测工作

肉鸡和蛋鸡按照免疫程序进行有关疫苗的免疫接种后，判断其是否有效果并且达到保护要求，就需要定期抽血或抽取鸡蛋进行相关疫苗的免疫抗体监测。

在生产实践中，比较常见的免疫抗体监测有鸡新城疫抗体监测（抗体水平需达 1：64 以上）、H$_5$ 亚型禽流感抗体监测（抗体水平需达 1：64 以上）、H$_9$ 亚型禽流感抗体监测（抗体水平需达 1：64 以上）、减蛋综合征抗体监测（抗体水平需达 1：16 以上）等。若抗体没有达到保护要求，要及时查找原因，并加强相关疫苗的免疫接种，以免发生相关疫情。

（四）鸡病常见临床症状、病理变化鉴别诊断

1. 神经症状

有可能是鸡新城疫、鸡马立克病、鸡维生素 E- 硒缺乏综合征等疾病。

（1）鸡新城疫：主要表现为扭颈，多数出现在鸡新城疫后期或慢性鸡新城疫。此外，还有腺胃乳头出血，十二指肠纽扣状溃疡，盲肠扁桃体肿大、出血等病变，以及拉绿色稀粪等症状。

（2）鸡马立克病：主要表现为"劈叉腿"或鸡翅膀下垂，以及患侧坐骨神经有明显肿胀等症状和病变。

（3）鸡维生素 E- 硒缺乏综合征：主要发生在 15~50 日龄的小鸡，有共济失调、头后仰或向一侧倒地症状。剖检有小脑出血和软化病变。

2. 鸡冠和面部肿胀症状

有可能是 H$_5$ 亚型禽流感、H$_9$ 亚型禽流感、鸡传染性鼻炎、鸡败血支原体病、慢性鸡巴氏杆菌病等。

（1）H$_5$ 亚型禽流感：主要表现头部、鸡冠、肉髯肿大，脚鳞片出血，有时还有腺胃乳头周边出血，死亡快、死亡率高等症状和变化。

（2）H$_9$ 亚型禽流感：主要表现为一侧或两侧面部肿胀，肉髯肿大，对产蛋率影响大，但死亡率相对较低。

（3）鸡传染性鼻炎：主要表现为一侧或两侧面部肿胀，流鼻水，眶下窦有脓性干酪样物。发病率较高，但死亡率相对较低，用磺胺类药物及抗生素治疗均

有效果。

（4）鸡败血支原体病：主要表现为肉髯肿大以及心包炎、肝周炎和气囊炎。此外，还有拉黄绿色稀粪、喘气和咳嗽明显等现象。病程持续时间长，发病率高，死亡率相对较低。

（5）慢性鸡巴氏杆菌病：主要表现为肉髯肿大、坏死，关节出现炎性渗出或干酪样坏死，病程较长。

3. 呼吸道症状

有可能是H_5亚型禽流感、H_9亚型禽流感、鸡新城疫、鸡传染性鼻炎、鸡败血支原体病、鸡传染性支气管炎、鸡传染性喉气管炎、鸡曲霉菌病、鸡感冒等。

（1）H_5亚型禽流感：除咳嗽外，还出现肿脸，肉髯肿大，脚鳞片出血，发病率和死亡率都很高。

（2）H_9亚型禽流感：除咳嗽外，还出现肿脸，肉髯肿大，但死亡率较低，对蛋鸡的产蛋率、蛋品质影响相对较大。

（3）鸡新城疫：咳嗽，上呼吸道分泌物较多，有啰音，拉绿色粪便，慢性病例还有脑神经症状。此外，腺胃乳头出血、十二指肠"枣状"坏死以及盲肠扁桃体肿大、出血等都具有特征性病变。

（4）鸡传染性鼻炎：流鼻涕、肿脸。发病率高，死亡率相对较低，许多抗菌药物（如磺胺新诺明）对它均有效果。

（5）鸡败血支原体病：流浆液性鼻液、打喷嚏、咳嗽、拉黄绿色稀粪。剖检可见心包炎、肝周炎以及气囊炎等病变，有时也有肿脸、瞎眼病变。

（6）鸡传染性支气管炎：鸡传染性支气管炎（呼吸型）表现为张口呼吸、咳嗽、有啰音，常发生于40日龄内的雏鸡，剖检可见支气管有出血以及干酪样栓塞物。除出现呼吸系统症状外，其他内脏器官无明显的病变，有时可见肾脏肿大苍白，有尿酸盐沉积。

（7）鸡传染性喉气管炎：多发生于中大鸡，主要症状是呼吸困难（抬头伸颈、张口呼吸），打喷嚏，咳嗽，有时发出尖叫声或鸣笛声，零星死亡。特征性病变为喉头有黄白色渗出物阻塞。

（8）鸡曲霉菌病：表现呼吸困难（张口呼吸、头颈伸直），但很少有啰音，肺脏、气囊以及胸膜、腹膜上有针头大小至米粒或绿豆大小黄白色结节，肺脏组织质地变硬，有时可见到成团的霉菌斑。

（9）鸡感冒：环境温差大引起的感冒主要表现为流鼻水、咳嗽。用一般的广谱抗生素（如恩诺沙星或红霉素等）均有效果。

4. 肠炎下痢症状

有可能是禽流感、鸡新城疫、鸡传染性法氏囊病、鸡大肠杆菌病、鸡组织滴虫病、鸡球虫病、鸡住白细胞虫病、鸡白痢、鸡伤寒、鸡绿脓杆菌病及鸡肠毒综合征等。

（1）禽流感：包括 H_5 亚型禽流感和 H_9 亚型禽流感都会拉黄白色稀粪。此外，还会导致肿脸、肉髯肿大以及其他一些特征性病变。

（2）鸡新城疫：除拉绿色稀粪外，还有扭头、腺胃出血、盲肠扁桃体肿大出血等一些特征性症状和病变。

（3）鸡传染性法氏囊病：除拉白色稀粪外，还有胸肌、腿肌出血，法氏囊肿大出血等特征性病变。

（4）鸡大肠杆菌病：拉黄绿色或黄白色稀粪。此病往往与其他疾病混合感染使粪便呈多样性。

（5）鸡组织滴虫病：拉黄白色稀粪，有时粪便中带血。此外，盲肠肿大，内有干酪样栓塞，肝脏肿大，表面形成圆形、中间凹陷的溃疡病灶具有特征性病理变化。

（6）鸡球虫病：拉黄白色稀粪或巧克力色稀粪，有时带血便。此外，小肠壁上有出血点，肠内有大量血便，盲肠肿大，肠内也充满血液。发病率和死亡率都比较高。

（7）鸡住白细胞虫病：拉绿色稀粪。肌肉、肠系膜、脂肪、输卵管等器官上有粟粒大小的淡红色出血囊，突出表面。脾脏肿大 1~5 倍。肉鸡还出现肾脏大面积出血。

（8）鸡白痢：拉白色稀粪，并黏附于肛门周围的羽毛上。主要发生于 1~3 周龄雏鸡。肝脏表面有大小不等、数量不一的坏死点或坏死斑。

（9）鸡伤寒：拉黄色稀粪。多发生于成年鸡。肝脏肿大，呈棕绿色或古铜色。

（10）鸡绿脓杆菌病：拉黄白色水样稀粪。主要发生于 10 日龄以内的雏鸡。此外，还有皮下水肿，卵黄吸收不良等病变。

（11）鸡肠毒综合征：由于饲料品质不良或其他原因造成的肠炎，先出现拉黄白色稀粪，严重时转为绿色带黏液或红褐色稀粪。在找出原因并用广谱抗菌药物治疗后能很快治愈。

5. 关节肿胀、骨异常病变

有可能是鸡葡萄球菌病、鸡滑液支原体病、鸡病毒性关节炎、鸡关节型痛风等疾病。

（1）鸡葡萄球菌病：多处关节或皮肤肿胀。病鸡运步困难，有跛行症状。

（2）鸡滑液支原体病：关节和爪垫肿胀，胸骨囊肿，切开可流出黏稠以及乳白色渗出物。

（3）鸡病毒性关节炎：行走困难，喜欢坐在跗关节上。以腱鞘炎、肌腱断裂为主要特征，肌腱出血，关节周围的肌肉组织出现红肿现象。多见于4~6周龄鸡，具有传染性。

（4）鸡关节型痛风：关节、特别是跗关节出现豌豆至蚕豆大小、坚硬的黄色结节，并可能有1~2个带热痛的波动点，常破溃流出脂样物质。

6. 鸡产蛋异常或产蛋率下降症状

有可能是鸡传染性支气管炎、鸡减蛋综合征、H₉亚型禽流感、鸡住白细胞虫病、饲养管理问题以及其他一些传染病。

（1）鸡传染性支气管炎：产蛋率下降，产软壳蛋、畸形蛋和粗壳蛋，产蛋鸡腹部下垂。剖检可见卵巢发育正常，上段输卵管发育不良，下段输卵管积水严重，蛋清稀薄，并有不同程度的输卵管炎症。

（2）鸡减蛋综合征：多发于产蛋前期3个月以内，采食量和精神基本正常，产蛋率突然下降（可下降20%~50%），并出现产薄壳蛋、无壳蛋、畸形蛋。产蛋率下降后不易恢复到正常水平。

（3）H₉亚型禽流感：在冬春季节多发。除产蛋率下降、蛋壳质量变差外，个别出现肿脸、肉髯肿胀以及咳嗽症状，及时处理后产蛋率很快恢复正常。剖检可见卵巢变性和卵黄性腹膜炎。

（4）鸡住白细胞虫病：每年的5~10月期间发病。鸡冠苍白，拉绿色粪便，产白壳蛋或花点蛋以及蛋壳变薄。个别病鸡会死亡，还会出现脾脏肿大明显，肠系膜和输卵管上有灰白色或红色出血囊突出表面等病变。用磺胺间甲氧嘧啶等药物治疗效果好。

（5）饲养管理问题：由于饲料中鱼粉、多种维生素以及饲料成分变质或数量变化等均可造成产蛋率突然下降，蛋壳质量也有不同程度改变。在管理过程中，遇到天气骤变或打针等不良应激也会导致产蛋率和蛋壳质量改变。一旦以上原因排除后，产蛋率可迅速上升到正常水平。

7. 鸡肝脏病变

有可能是鸡巴氏杆菌病、鸡白痢、鸡伤寒、鸡副伤寒、鸡大肠杆菌病、鸡组织滴虫病、鸡马立克病、鸡白血病、鸡脂肪肝病等疾病。

（1）鸡巴氏杆菌病：肝脏表面有许多针尖状的白色坏死点，死亡速度快，同时可见心冠脂肪出血，肠道卡他性或出血性肠炎。用广谱抗生素治疗效果好，但易复发，不易根治。

（2）鸡白痢：肝脏肿大，表面有小点出血和白色坏死点。多见于2~3周龄的雏鸡。粪便白色，黏附于肛门口。病程稍长者可见心脏、肺脏、肠壁上有黄白色坏死结节。

（3）鸡伤寒：多见于成年鸡。肝脏肿大呈棕色或青铜色。往往零星发病，死亡率很低。

（4）鸡副伤寒：肝脏有条纹状出血或有大小不一的灰白色坏死灶。小肠炎症明显，盲肠肿大，内含黄白色干酪样物质。

（5）鸡大肠杆菌病：肝脏肿大，暗红色，表面有一层白色的纤维素性渗出物。可见心包炎、气囊炎以及肠炎病变。

（6）鸡组织滴虫病：肝脏肿大，表面形成一些圆形或不规则形的中间凹陷的溃疡病灶，病灶为淡黄色或灰绿色。同时一侧或两侧的盲肠肿大变得粗而硬，内为干酪样栓塞。

（7）鸡马立克病：肝脏肿大2~3倍，表面和内部有弥漫性或结节性的肿瘤。脾脏肿大2~3倍。病理组织切片可见大量成熟的淋巴细胞和网状细胞组成。

（8）鸡白血病：肝脏肿大，布满弥漫性或结节性肿瘤。内脏的其他器官如法氏囊、肾脏、肺脏、性腺、心脏、骨髓、肠系膜等也可见到肿瘤结节。肿瘤病理切片主要由成淋巴细胞组成（即淋巴母细胞）。

（9）鸡脂肪肝病：肝脏肿大，质脆，呈黄色油腻状，易发生肝脏破裂而造成内出血死亡。腹下脂肪偏厚，易发生应激死亡。

8. 肾脏肿胀病变

有可能是鸡传染性法氏囊病、鸡传染性支气管炎、鸡痛风、某些药物中毒等疾病。

（1）鸡传染性法氏囊病：多见于2~6周龄小鸡。肾脏肿大、苍白。同时还有肌肉出血，法氏囊肿大出血等病变。

（2）鸡传染性支气管炎：主要是鸡传染性支气管炎（肾型），表现肾脏肿大，有大量白色尿酸盐沉积。多发生于小鸡。此外，还有张口呼吸、咳嗽、拉白色粪便等症状。

（3）鸡痛风：肾脏肿大，苍白，肾小管充满尿酸盐，输尿管也充满尿酸盐。严重时可见肾结石或输尿管结石。在内脏器官如心脏、肝脏、脾脏、肠系膜上常见到石灰样的尿酸盐沉积物，关节也有类似的病变。

（4）某些药物中毒：磺胺类、某些不能配伍的药物联合使用可造成肾脏肿大、苍白，严重时在肾小管和输尿管内出现尿酸盐沉积。

9. 肺脏和气囊病变

可能是鸡败血支原体病、鸡曲霉菌病、鸡大肠杆菌病等。

（1）鸡败血支原体病：肺炎，气囊混浊，腹腔内有不同程度的干酪样渗出物，还有心包炎和肝周炎变。在临床上，可见喘气、咳嗽、拉黄绿色稀粪等症状。

（2）鸡曲霉菌病：肺脏、气囊可见到大小不等的白色、灰色或淡绿色小结节，有时可见到霉菌斑。

（3）鸡大肠杆菌病：往往与败血支原体并发感染，出现肺炎、气囊炎、心包炎、肝周炎病变。慢性病例在肺脏、心脏、肠系膜等会产生典型的肉芽肿。

10. 皮肤病变

有可能是鸡马立克病（皮肤型）、鸡痘、鸡葡萄球菌病、鸡败血症以及鸡奇棒恙螨病等。

（1）鸡马立克病（皮肤型）：体表毛囊腔形成结节或小的肿瘤块突出，皮肤呈灰黄色，有时肿瘤结节破溃。以颈部、翅膀、大腿外侧多见。

（2）鸡痘：在无毛或毛发稀少的部位形成一种灰白色水痘样小结节，几天后干燥形成痂皮和痘痂，有时在眼、口腔黏膜也会形成黄白色假膜。皮肤上的鸡痘发病一段时间后会自行脱落。

（3）鸡葡萄球菌病：急性病例可见皮肤肿胀，皮下积液或破溃后流出淡红色渗出物。慢性病例在关节和趾瘤出现肿胀、发炎。

（4）鸡败血症：一些烈性传染病（如禽流感、鸡新城疫、鸡巴氏杆菌病等）中死亡的病例可见全身皮肤发红，显紫红色。不同的传染病有其相应不同的特征性病变。

（5）鸡奇棒恙螨病：野外放牧的鸡在大腿、胸部皮肤出现脐状红肿突出皮肤。

11. 脾脏病变

有可能是鸡马立克病（内脏型）、鸡住白细胞虫病、鸡白血病、鸡网状内皮组织增生病等。

（1）鸡马立克病（内脏型）：脾脏肿大 2~5 倍，同时在肝脏也出现肿大和肿瘤结节等病变，鸡消瘦。

（2）鸡住白细胞虫病：脾脏肿大 2~5 倍，同时在肠系膜、脂肪、输卵管等器官上有粟粒大小的红色出血囊突出表面。个别肾脏出血明显。

（3）鸡白血病：脾脏肿大。此外内脏许多器官如法氏囊、肾脏、肺脏、性腺、心脏、骨髓、肠系膜等均可见到肿瘤结节。

（4）鸡网状内皮组织增生病：脾脏肿大。病鸡消瘦，腺胃肿大，乳头增生出血。易并发其他疾病。

12. 腺胃病变

可能是 H_5 亚型禽流感、H_9 亚型禽流感、鸡新城疫、鸡传染性支气管炎（腺胃型）、鸡马立克病、产蛋鸡疲劳综合征和某些寄生虫疾病等。

（1）H_5 亚型禽流感：腺胃乳头有脓性分泌物流出，个别腺胃乳头周边出血。头部、面部、肉髯肿大，脚肿大，鳞片出血。发病率和死亡率都很高。

（2）H_9 亚型禽流感：腺胃乳头有脓性分泌物流出，个别乳头周边出血。病鸡面部、肉髯肿大，咳嗽症状明显，产蛋率下降，但死亡率较低。

（3）鸡新城疫：腺胃乳头尖部出血，腺胃与肌胃交界处有出血斑。十二指肠枣状坏死，盲肠扁桃体肿大出血明显。用新城疫活疫苗紧急免疫，7~8 日之后可控制病情。

（4）鸡传染性支气管炎（腺胃型）：腺胃肿大如球状，腺胃壁增厚，切开腺胃乳头出血明显。病鸡消瘦，多发生在30~80日龄中鸡阶段。

（5）鸡马立克病：腺胃肿大如球状，腺胃壁增厚，切开腺胃乳头出血明显。此外，病鸡肝脏肿大并有肿瘤结节，脾脏肿大2~5倍。

（6）产蛋鸡疲劳综合征：腺胃变薄，黑褐色，腺胃乳头流出黑褐色的分泌物，严重时出现腺胃穿孔，内容物直接流到腹腔。此外，还有软脚症状，多发生于产蛋期早期。

（7）某些寄生虫疾病：放牧饲养的鸡腺胃内出现溃疡、出血以及菜花样病变，如鸡旋锐形线虫病。

13. 肌肉出血病变

常见于鸡传染性法氏囊病、鸡住白细胞虫病等疾病。

（1）鸡传染性法氏囊病：胸肌和腿肌出现条状出血，法氏囊肿大、出血明显。多发生于15~45日龄的雏鸡。

（2）鸡住白细胞虫病：除胸肌出现点状出血囊外，心脏、脂肪、肠系膜、输卵管等器官也有许多小出血囊突出表面。个别肾脏出血。

14. 眼睛病变

可能是鸡败血支原体病、鸡传染性鼻炎、鸡痘、鸡大肠杆菌病、鸡马立克病（眼型）等疾病。

（1）鸡败血支原体病：鼻腔和眶下窦积有干酪样渗出物，造成一侧或两侧眼睑肿胀，严重的造成眼部突出，甚至失明。此外，还有心包炎、肝周炎、气囊炎病理变化。

（2）鸡传染性鼻炎：一侧或两侧的鼻腔和眶下窦积有干酪样渗出物造成一侧或两侧的脸部肿胀和结膜炎。此外，病鸡流鼻涕明显。用磺胺类药物治疗效果好。

（3）鸡痘：眼睑上长痘造成眼睛发炎，严重的造成失明。身上无毛的皮肤上也长有鸡痘。通过加强鸡痘免疫接种可控制病情发展。

（4）鸡大肠杆菌病：眼睛出现结膜炎以及眼角流出带泡沫的分泌物。病鸡常用鸡爪抓眼睛。与饲养环境条件差有很大关系。

（5）鸡马立克病（眼型）：一侧或两侧眼睛对光反应迟钝，重者失明，眼球呈灰白色，瞳孔边缘不整齐呈锯齿状。

15. 组织内弥漫性出血病变

可能是鸡败血症、鸡霉菌毒素中毒、鸡磺胺类中毒等疾病。

（1）鸡败血症：除皮肤、内脏组织出现弥漫性出血病变外，不同的传染病有其相应的特征性病变。

（2）鸡霉菌毒素中毒：如曲霉菌、青霉菌以及饲料发霉产生的多种毒素均可造成体内发生弥漫性出血，骨髓变成苍白或黄色。这些中毒性疾病还有其他一些相应的特征性病变。

（3）鸡磺胺类药物中毒：造成体内弥漫性出血。此外，肾和输尿管还有尿酸盐沉积。

（4）鸡 J 型白血病：可见鸡皮肤、脚趾出现血疱。此外，某些内脏器官也有出血疱和一些弥漫性肿瘤结节。

二、病毒性疾病

（一）鸡新城疫

鸡新城疫又称亚洲鸡瘟，是一种由副黏病毒引起的急性、热性、高度接触性传染病，在我国被列为一类传染病。此病的主要特征是呼吸困难、严重下痢、全身黏膜和浆膜出血，病程稍长的病例可出现神经症状。

1. 流行特点

鸡、火鸡、鸽子、鹌鹑、野鸡等对此病都易感，其中以鸡最易感。此病一年四季均可发生，但以冬春寒冷季节多发。此病主要是通过病鸡与健康鸡的直接接触或通过人为的间接接触（如鞋子、鸡笼、鸡袋子以及其他用具等）而传播。病毒的感染途径是通过鸡的呼吸道和消化道。

2. 临床症状

此病的潜伏期一般为 3~5 天。根据病程长短大致可分为急性和慢性 2 种类型。

（1）急性病例：病鸡体温上升到 43~44℃，吃料减少或废绝，可见许多病鸡精神委顿、背毛粗乱、不愿走动、垂头缩颈、双翼下垂，鸡冠和肉髯呈紫红色，眼睛半闭或全闭，粪便呈黄绿色（图1-1）。嗉囊内积液较多，倒提时会从口角流出大量臭酸味的黏液。病鸡有不同程度的咳嗽症状，并发出"咯咯"的喘叫声，有时见到摆头和吞咽动作。发病率和死亡率都很高，可达 90% 以上。病程 7~10 天。

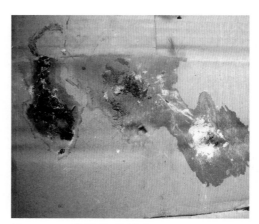

图1-1　粪便呈黄绿色

（2）慢性病例：多见于急性流行后期的鸡群或免疫效果较差的鸡群（特别是产蛋鸡）。在临床上以神经症状和产蛋率下降最为常见。以神经症状为主的慢性病例，表现为双翅和腿麻痹，站立不稳，头颈向后（图1-2）或向一侧扭曲（图1-3）等神经症状，且可呈现反复发作，病程可持续10~20天，死亡率相对较低。以产蛋率下降为主的慢性病例，表现为咳嗽，啰音，甩头，拉黄绿色稀粪，产蛋率急剧下降到40%~50%，蛋壳退白（图1-4），病死鸡增加无规律。

图1-2 头颈向后弯曲

图1-3 头颈向一侧扭曲

图1-4 蛋壳退白

3.病理变化

（1）急性病例：病死鸡全身黏膜和浆膜出血明显。口腔和咽喉黏液较多，嗉囊内充满酸臭味的液体。腺胃黏膜和乳头尖有不同程度的出血（图1-5），在腺胃与食管或腺胃与肌胃的交界处常有条状或不规则的出血斑，有时在肌胃肌层也有出血斑。整个小肠和大肠充血、出血明显。十二指肠段可见到枣状坏死溃疡灶，在肠浆膜外可清晰看到隆起的黑红色斑块（图

图1-5 腺胃乳头出血

1-6、图 1-7）。盲肠扁桃体肿大、出血（图 1-8）、坏死。气管喉头内积有大量黏液，喉头和气管充血、出血（图 1-9），心冠脂肪点状出血，脑膜充血或出血。其中以腺胃乳头出血、十二指肠枣状溃疡以及盲肠扁桃体肿大出血等 3 个病理变化最为明显。

图 1-6 肠浆膜外可见黑红色　　　图 1-7 十二指肠内枣状坏死

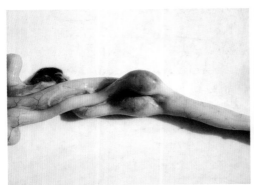
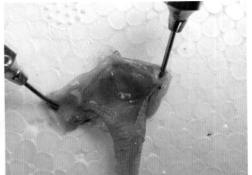

图 1-8 盲肠扁桃体肿大出血　　　图 1-9 喉头气管出血

（2）慢性病例：无明显可见病理变化。仔细观察可能有卡他性肠炎，以及神经系统的原发性细胞变性或坏死等病理变化。

4. 诊断

（1）临床诊断：根据此病的流行病学、临床症状以及特征性病理变化可做出初步诊断。在临床上，急性死亡病例要与 H_5 亚型禽流感、鸡巴氏杆菌病进行鉴别诊断；慢性病例要与鸡传染性喉气管炎、H_9 亚型禽流感、B 族维生素缺乏症进行鉴别诊断。

（2）化验诊断：第一，病毒的分离与鉴定。取病死鸡的呼吸道分泌物、脾脏、肺脏、脑等组织研磨处理后接种 9~12 日龄鸡胚绒毛膜或尿囊腔内，每枚鸡胚接种 0.1~0.2 毫升，而后置于 37℃温箱中培养 1~5 天。每天照蛋检查，看看鸡胚是否死亡。若鸡胚 24 小时内死亡则属于意外死亡。24 小时后死亡的鸡胚，观察是否有出血病变，同时收集尿囊液进行血凝试验和血凝抑制试验。若尿囊液具有凝集红细胞以及被已知抗新城疫血清所抑制，那么即可确诊为鸡新城疫。第二，血清学试验。采集鸡群在暴发疫病急性期（10 天内）和康复后期两份血清，用血凝抑制试验测定血清中的鸡新城疫的抗体滴度，若抗体滴度明显增高可确诊。第三，荧光抗体技术。取病死鸡的肺脏、肝脏、肾脏、脾脏等组织压印片进行荧光抗体染色，在荧光显微镜下可见白细胞中的胞核和胞浆有明显的黄绿色荧光可确诊。第四，聚合酶链反应试验。该诊断方法较敏感，目前已广泛应用于鸡新城疫的诊断。

5. 防治措施

（1）预防：用于预防鸡新城疫的疫苗有很多，大致可分为灭活疫苗和活疫苗 2 大类。活疫苗有 L 系、L-H$_{120}$ 等，适用于鸡群的首次免疫或加强免疫，免疫方法有滴鼻、点眼、饮水、气雾等。其中，滴鼻、点眼、气雾的免疫效果要优于饮水免疫，免疫保护期较短，只有 1~2 个月。灭活疫苗有鸡新城疫灭活疫苗，鸡新城疫、传染性支气管炎二联灭活疫苗，鸡新城疫、法氏囊二联灭活疫苗，鸡新城疫、传染性支气管炎、H$_9$ 亚型禽流感三联灭活疫苗等多种，适合于 15 日龄以上且经过活疫苗免疫过的鸡只使用，肌内注射可产生较高的免疫抗体，持续时间较长（可达 4~6 个月）。

鸡新城疫疫苗免疫程序因地域、鸡品种以及疫苗生产厂家的不同而异。

一般来说，肉鸡的免疫程序：7 日龄时，用鸡新城疫 L 系或 L-H$_{120}$ 活疫苗采用滴鼻、点眼或气雾进行首免；18 日龄时，采用鸡新城疫灭活疫苗或鸡新城、传染性支气管炎、H$_9$ 亚型禽流感三联灭活疫苗肌内注射加强免疫；60 日龄时，用鸡新城疫 L 系活疫苗饮水免疫或鸡新城疫灭活疫苗肌内注射再加强免疫。

蛋鸡的免疫程序：7 日龄时，用 L 系或 L-H$_{120}$ 活疫苗采用滴鼻、点眼或气雾进行首免；18 日龄时，采用鸡新城疫、传染性支气管炎、H$_9$ 亚型禽流感三联灭活疫苗采用肌内注射免疫；55 日龄时，用 L-H$_{52}$ 二联活疫苗饮水免疫；110 日龄开产前，采用鸡新城疫、传染性支气管炎、减蛋综合征三联灭活疫苗肌内注射，以后每间隔 2~3 个月时间再用鸡新城疫 L 系活疫苗重复免疫。在免疫过程中要时常观察鸡群状况，每隔一段时间按鸡群数 1% 比例抽血进行血液疫苗免疫抗体检测，若发现新城疫抗体滴度低于 1：64 时，要及时补种鸡新城疫疫苗。

（2）发病时处理措施：当鸡群发生鸡新城疫时，首先要做好鸡场的环境的消毒隔离以及病死鸡的无害化处理。其次做好鸡群的紧急免疫措施。紧急免疫可采用鸡新城疫 L 系活疫苗，按 5~8 倍量进行饮水或气雾免疫，采用紧急免疫措施后 7~10 天产生免疫效果，在 7 天内可能会出现死亡率增加情况。对于慢性病例，除了使用鸡新城疫 L 系活疫苗外，还可采用鸡新城疫灭活疫苗进行紧急免疫，肌内注射后 12~15 天才能产生免疫效果。

（二）H$_5$ 亚型禽流感

H$_5$ 亚型禽流感又称真性鸡瘟或欧洲鸡瘟，是由正黏病毒引起的一种急性、烈性传染病。在我国被列为一类传染病。

1. 流行特点

所有禽类对 H$_5$ 亚型禽流感均易感，其中鸡、火鸡发病往往会造成 100% 死亡，而鸭、鸽子等发病率和死亡率略低些。此病一年四季均可发生，但以冬春寒冷季节多发，在春夏之交、秋冬之交的气候多变季节也容易发生。此病的传播途径有如下几个方面：①病鸡和健康鸡的直接接触感染。②通过一些媒介（如候鸟、老鼠、装鸡袋子、鞋子、运输工具等）的间接接触感染。③某些发生过此病的疫点没有消毒干净，病毒隐性存在而形成疫源地，一旦遇到气候转变或其他一些应激因素时有可能再次诱发此病。

2. 临床症状

此病的潜伏期较短，通常为 3~5 天。主要表现为病鸡体温升高到 42℃以上，有时吃料正常，有时吃料减少。个别精神沉郁，肉髯水肿（图 1-10），严重时可扩展到脸部和头颈部，鸡冠发紫（图 1-11），眼睑肿胀，鼻流浆液性分泌物。病死鸡脚肿大、鳞片出血（图 1-12）。临床上还可听到不同程度的咳嗽声。病程短，疫情传播速度快，发病率和死亡率均可达 100%。有些病例在没有明显病症时就突然出现大面积死亡。在笼养产蛋鸡场，此病的发生往往从鸡舍的某一角落先开始死亡，然后向周围扩散。此外，病鸡还表现拉黄白色稀粪；蛋鸡产蛋率下降，产软壳蛋和白壳蛋增加；鸡群死亡数量迅速增加，用药物治疗无明显效果。病后期，个别鸡出现歪头症状（图 1-13）。

图 1-10　肉囊水肿

图 1-11　头肿大，鸡冠发紫

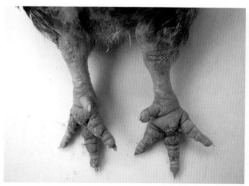
图 1-12　脚肿大，鳞片出血

图 1-13　歪头症状

3. 病理变化

最急性病例往往见不到明显的肉眼病理变化。急性病例可见到部分鸡的头部和脸部皮下水肿，全身皮肤、肌肉和脂肪有不同程度的出血（图 1-14）。心包积液、有时可见心肌条状坏死。腺胃乳头水肿、出血，乳头中央可流出脓性分泌物，少部分可见乳头周边出血（图1-15）。肠道及盲肠扁桃体有不同程度的出血。胰腺有白色坏死点。上呼吸道存在不同程度的分泌物或黄白色干酪样阻塞物。有些病例出现肺脏水肿和肺脏出血，脚鳞片出血。产蛋鸡的病鸡可见到卵巢上卵泡变性（图1-16），卵泡破裂于腹腔中而形成卵黄性腹膜炎（图1-17）。输卵管水肿，切开输卵管可见白色黏稠分泌物或凝乳块存在。

图1-14　全身皮肤出血

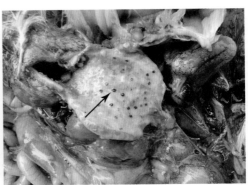

图1-15　腺胃乳头有脓性分泌物、乳头周边出血

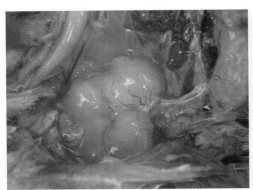

图1-16　卵泡变性

图1-17　卵黄破裂于腹腔中形成卵黄性腹膜炎

4.诊断

（1）临床诊断：根据此病的流行病学、临床症状、病理变化可做出初步诊断。在临床上需与鸡新城疫、H_9亚型禽流感进行鉴别诊断。

（2）病毒分离：需在国家规定的三级实验室中进行，具体步骤参考鸡新城疫病毒的分离。

（3）聚合酶链反应（PCR）试验：取肝脏、肺脏、脾脏等病料采用 H_5 亚型禽流感引物进行 PCR 诊断。

5. 防治措施

（1）预防：H_5 亚型禽流感的防疫工作在我国已列为强制免疫内容。目前有 H_5 亚型禽流感灭活疫苗、H_5+H_9 亚型禽流感二价灭活疫苗、H_5+H_7 亚型禽流感二价灭活疫苗等几种疫苗。在不同地区其免疫程序有所不同，具体以当地兽医主管部门推荐的程序为准。一般来说，首先安排在 14 日龄，肌内注射 H_5 亚型禽流感灭活疫苗 0.3~0.5 毫升；二免安排在 30 日龄，肌内注射 H_5 亚型禽流感灭活疫苗 0.5~0.6 毫升；产蛋鸡和种鸡于 120 日龄和 250 日龄分别再次免疫 H_5 亚型禽流感灭活疫苗（剂量分别为 0.8 毫升和 1.0 毫升）。除了做好疫苗免疫外，还要提高饲养管理水平，加强消毒、隔离等措施，特别强调鸡、鸭、鹅不能混养，这对预防此病有重要现实意义。必要时疫苗免疫后 25~30 天可抽血进行免疫抗体监测，发现抗体不达标时要及时找原因，并及时补免。

（2）发生 H_5 亚型禽流感时处理措施：按照我国政府规定，当某个鸡场发生疑似 H_5 亚型禽流感疫情时，首先要向当地兽医行政管理部门报告，并由当地政府发布疫点的封锁、扑杀、消毒等处理措施，同时对疫点周围 5 公里范围内所有家禽进行 H_5 亚型禽流感灭活疫苗的加强免疫。

（三）H_9 亚型禽流感

1. 流行特点

易感动物包括肉鸡、蛋鸡、火鸡以及部分野禽，而水禽相对不易感。各种日龄鸡均可发生。此病以冬春季节多发，特别是在气候骤变或气温变化较大时易发，传播途径包括接触传播和空气传播。

2. 临床症状

病鸡体温升高，精神沉郁，采食量减少，拉黄白色稀粪。个别病鸡的眼睑、头部、鸡冠和肉髯水肿（图 1-18），并出现单侧或双侧的脸部肿胀、流鼻水、打喷嚏临床症状。部分病鸡有咳嗽、流泪、啰音等呼吸道症状。产蛋鸡出现产蛋率逐渐下降，蛋壳变白并出现软壳蛋、畸形蛋（图1-19），发病率30%~50%，死亡率5%~30%，病程持续10多天。个别鸡场可因天气转变而反复发病，前后可持续30天左右。

图1-18　眼睑、头部水肿　　　　图1-19　出现软壳蛋和畸形蛋

3. 病理变化

头部和肉髯皮下水肿、鼻窦腔内有大量干酪样分泌物（图1-20），腺胃乳头刀刮后有乳白色分泌物流出（图1-21），个别乳头周边有出血或出血斑，肝

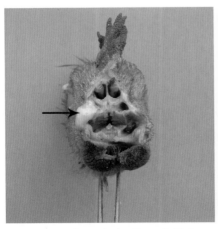

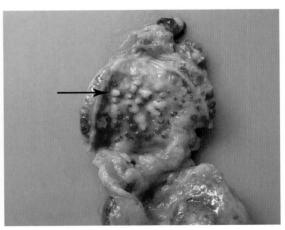

图1-20　鼻腔内大量干酪样分泌物　　　图1-21　腺胃乳头有乳白色分泌物流出

脏、脾脏、肾脏等脏器略肿大，胰腺有白色坏死点。喉头黏液较多，气管有出血，有时气管或支气管内有干酪样堵塞物。卵巢上卵泡变性萎缩（图1-22），常可见卵泡破裂于腹腔而形成卵黄性腹膜炎，输卵管水肿，切开输卵管可见软蛋壳以及一些白色凝乳块。

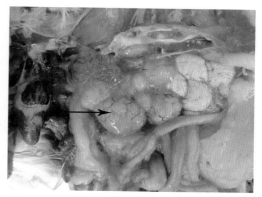

图1-22　卵巢上的卵泡变性萎缩

4. 诊断

（1）临床诊断：结合流行病学、临床症状以及病理变化可做出初步诊断。在临床上需与鸡传染性鼻炎、鸡败血支原体病以及 H_5 亚型禽流感进行鉴别诊断。鸡传染性鼻炎的传播速度相对较慢，用磺胺类等药物治疗有较好效果；鸡支原体病的传播速度也较慢，剖检可见明显的心包炎、肝周炎以及气囊炎病理变化；H_5 亚型禽流感则出现比较高的死亡率，同时部分病鸡的脚会出现肿大、脚皮肤鳞片出血等病症。

（2）病毒分离：要求在三级实验室内进行。具体操作方法同鸡新城疫病毒的分离。

（3）聚合酶链反应试验：取肝脏、肺脏、脾脏等病料采用 H_9 亚型禽流感引物进行 PCR 诊断。

5. 防治措施

（1）加强饲养管理：鉴于此病多在冬、春寒冷季节发生，所以在寒冷季节要做好舍内的保温工作，避免鸡群发生感冒。在管理上要做好常规消毒工作，特别注意周转蛋筐、蛋架的消毒。不同鸡场的工作人员不要相互走访。发病鸡群的鸡粪及废弃物要用火焚烧或采用其他无害化处理措施。

（2）免疫接种：目前国家批准生产使用的 H_9 亚型禽流感疫苗主要有联合疫苗和单一疫苗两类。H_9 亚型禽流感与其他疫病的联合疫苗有多种，单一的 H_9 亚型禽流感灭活疫苗也存在不同的毒株。具体免疫程序为，18日龄时首免采用鸡新城疫、传染性支气管炎、H_9 亚型禽流感三联灭活疫苗肌内注射 0.3~0.5 毫升或 30日龄时首免 H_9 亚型禽流感灭活疫苗 0.5~0.6 毫升；120日龄再次免疫 H_9 亚型

禽流感灭活疫苗 0.7 毫升；250 日龄左右要根据抗体效价水平，决定是否再次加强免疫。

（3）处理：H₉ 亚型禽流感属于低致病性禽流感，发病时没有必要进行全场扑杀，但是要按照家禽传染病处理原则进行消毒隔离，同时对病死鸡进行无害化处理。发病鸡群可采用中药（如荆防败毒散、黄连解毒散、清瘟败毒散）进行防治。个别病鸡肌内注射安乃近和阿莫西林注射液有一定治疗效果。

（四）鸡传染性法氏囊病

鸡传染性法氏囊病是由鸡传染性法氏囊病毒引起鸡的一种急性、高度接触性传染病，以"一过性"尖峰式死亡，胸肌和腿肌出血、法氏囊出血为特征。

1. 流行特点

在易感动物中只有鸡发病。易感日龄为 3~7 周龄，其中以 4 周龄左右最易感，有时也可见 2 周龄以内或 7 周龄以上鸡发病。此病一年四季均可发生，但以 6~7 月份发病较多。此病的传播方式以直接接触传染为主，也可通过中间媒介间接传染。

2. 临床症状

此病的潜伏期很短（3~5 天），主要表现为病鸡精神委顿、嗜睡，采食和饮水减少或废绝，拉黄白色稀粪（图 1-23），肛门羽毛有白色污物。发病率高达 80%，呈现"一过性"尖峰式死亡，即发病后 3~4 天为死亡高峰，经 5~7 天后死亡逐渐减少。总死亡率平均 20%~30%，有时可高达 70% 以上。

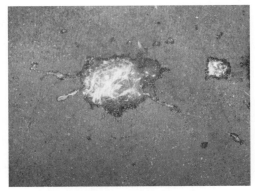

图 1-23 拉黄白色稀粪

3. 病理变化

胸肌、腿肌以及翼部肌肉出现大小不一、数量不等的条状出血（图 1-24、图 1-25），腺胃和肌胃交界处有出血斑（图 1-26），脾脏略肿大、表面有小坏死灶，肾脏肿大、输尿管有白色尿酸盐沉积。法氏囊肿大 2~3 倍，呈灰白色或紫红色，切开囊腔可见黏膜皱褶有出血点或出血斑（图 1-27），囊腔中有纤维素样或干酪样分泌物。其中，肌肉出血和法氏囊肿大出血为特征性病理变化。

图 1-24　胸肌条状出血

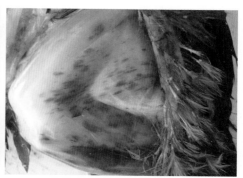

图 1-25　腿肌条状出血

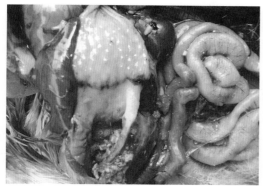

图 1-26　腺胃和肌胃交界处出血斑

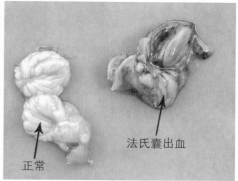

法氏囊出血

正常

图 1-27　法氏囊肿大出血

4. 诊断

（1）临床诊断：从发病日龄、"一过性"死亡规律以及特征性的病理变化可做出初步诊断。在临床上肌肉出血要与鸡住白细胞虫病、某些药物中毒等疾病进行鉴别诊断；肾脏肿大和输尿管尿酸盐沉积要与鸡传染性支气管炎（肾型）、鸡痛风以及某些药物中毒进行鉴别诊断；腺胃与肌胃交界处出血要与鸡新城疫、心包积液综合征进行鉴别诊断。

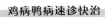

（2）化验室诊断：包括病毒分离鉴定、琼脂扩散试验、病毒中和试验以及聚合酶链反应试验等诊断方法。

5. 防治措施

（1）疫苗免疫：鸡传染性法氏囊病的疫苗有活疫苗和灭活疫苗两大类。一般来说，种鸡要进行 3 次的疫苗免疫，即 11 日龄首免采用活疫苗进行滴嘴或饮水免疫；20 日龄二免采用活疫苗进行饮水加强免疫；开产前一周采用灭活疫苗进行肌内注射。而肉鸡、商品蛋鸡一般于 11 日龄和 20 日龄做 2 次的活疫苗免疫即可。

（2）治疗：当鸡群感染鸡传染性法氏囊病后，应采取相应的处理措施。第一，肌内注射鸡传染性法氏囊病的抗血清或高免卵黄抗体 2~3 毫升，具有很好的治疗效果，一般注射后第 2 天即可明显地减少或停止死亡。第二，采用黄芪多糖溶液（按说明使用）饮水或拌料治疗，连续用药 3~5 天，有一定的治疗效果。第三，防止继发感染和对症治疗，即用广谱抗生素防止大肠杆菌、沙门菌的继发感染；采用通肾保肝药物，缓解肾肿大，可减少鸡群死亡。

（五）鸡传染性支气管炎

鸡传染性支气管炎是由传染性支气管炎病毒引起鸡的一种急性、高度接触性呼吸道传染病。目前已发现的血清型至少有 29 种（常见的有 QX、TW1 和 4/91 型）。不同血清型的致病性及表现病症也有一定的差异。

1. 流行病学

各种日龄的鸡均可发病，以雏鸡表现最为严重，有时中大鸡和产蛋鸡也可发病。此病一年四季均可发生，以冬春季节多发。鸡群拥挤、通风不良、营养缺乏等因素也会促使此病的发生。传播途径主要以呼吸道传染为主，有时也经消化道感染。

2. 临床症状

在临床上，常见的鸡传染性支气管炎的表现型有呼吸道型、肾型、腺胃型以及生殖道型等 4 种。

（1）呼吸道型：常见于 40 日龄以内的小鸡。鸡群多为突然发病，出现明显的呼吸道症状，并迅速波及全群。主要表现：张口呼吸（图 1-28），咳嗽，有啰音，食欲逐渐减少，羽毛松乱，怕冷，常打堆。有时还可见到流泪、流浆液性鼻液等临床症状。发病率达 30%~35%，死亡率达 20%~25%。

图 1-28　张口呼吸

（2）肾型：多见于 20~40 日龄小鸡。主要临床症状是排白色粪便，肛门口周围常附着白色污物，食欲减退，精神沉郁，鸡冠苍白，脱水严重。发病率可达 30% 以上，死亡率也可达 30%。

（3）腺胃型：多见于 30~85 日龄。病程较长，可持续 25~30 天，病鸡消瘦（特别是胸骨突出明显）（图 1-29），有轻微呼吸道症状，拉黄白色稀粪。发病率 50%~70%，死亡率可高达 50%。

图 1-29　胸骨突出明显

（4）生殖道型：主要见于产蛋鸡和种鸡。表现为病鸡精神委顿，腹部下垂（图 1-30），产蛋率下降 25%~50%，同时产软壳蛋、畸形蛋、粗壳蛋较多，蛋清较稀，易与蛋黄分离。有些病鸡产蛋率不容易上升到正常高峰期。种鸡感染此病后，受精率明显下降，死雏数明显增加。

图 1-30　腹部下垂

3. 病理变化

（1）呼吸道型：鼻腔内有黏稠分泌物，气管出血，气管和支气管内有黏液或黄白色干酪样阻塞物（图 1-31），肺脏水肿或出血。

（2）肾型：肾脏肿大、苍白，肾小管和输尿管充满尿酸盐结晶而形成"花斑肾"（图 1-32），严重时在心包和腹腔脏器表面有白色尿酸盐沉着。全身皮肤和肌肉发绀，肌肉脱水。

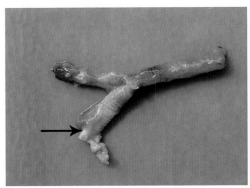

图 1-31　支气管有干酪样阻塞物

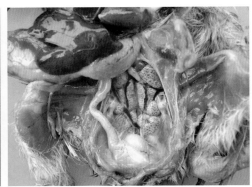

图 1-32　肾脏肿大并形成"花斑肾"

（3）腺胃型：腺胃肿大 2~4 倍（如球状）（图 1-33），腺胃壁增厚，切开腺胃可见乳头出血或溃疡（图 1-34）。气管和支气管出现卡他性炎症。病鸡极度消瘦，肌肉脱水，法氏囊萎缩。

图 1-33　腺胃肿大如球状、胃壁增厚

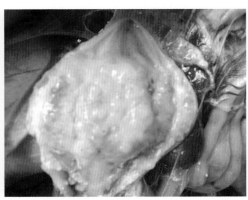

图 1-34　腺胃乳头出血和溃疡

（4）生殖道型：蛋鸡的卵巢基本正常或出现少量卵泡变性。腹腔中集有大量成熟卵泡，输卵管壶部萎缩，输卵管下段炎症并出现积液现象，并形成积水囊（图1-35），严重时积液可充满整个腹腔。

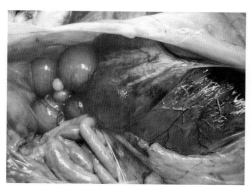

图 1-35　输卵管积液

4. 诊断

（1）临床诊断：根据鸡传染性支气管炎不同类型的特征性临床症状、病理变化可做出初步诊断。在临床上此病要注意与鸡新城疫、鸡传染性喉气管炎、鸡传染性鼻炎、鸡传染性法氏囊病、鸡减蛋综合征、鸡马立克病（内脏型）以及鸡网状内皮组织增生病等相区别。

（2）化验室确诊：取病料进行鸡胚的病毒培养和鉴定；也可用琼脂扩散试验、血凝抑制试验以及采用不同血清型的引物进行聚合酶链反应试验来诊断。

5. 防治措施

（1）加强饲养管理：控制好鸡群密度，注意鸡舍内外环境的变化，在做好保温的同时还要做好通风工作（特别是冬天），防止氨气等有害气体对呼吸道的刺激。此外，要全面搭配饲料的营养水平，防止维生素A缺乏，这对预防此病有重要意义。

（2）疫苗预防：预防鸡传染性支气管的疫苗有活疫苗（H_{120}、H_{52}以及28/86株、4/91株、Mass株等）和灭活疫苗两大类。一般的免疫程序是3~7日龄用H_{120}或H_{120}-28/86二价活疫苗滴鼻首免；30~60日龄再用H_{52}活疫苗饮水进行二免，种鸡和蛋鸡在18日龄和开产之前再用灭活疫苗各肌内注射1次。对于腺胃型传染性支气管炎，目前尚未有正式疫苗可供使用。

（3）治疗：目前尚未有特效的药物治疗此病。在改善饲养管理条件的基础上，可使用一些抗病毒中药进行治疗，同时对一些并发症进行对症治疗，若有呼吸道症状可使用红霉素或酒石酸泰乐菌素控制呼吸道的继发感染。对于肾型传染性支气管炎，除了降低饲料中蛋白质含量外，还用一些通肾护肝脏药物进行饮水治疗有一定效果。对于腺胃型传染性支气管炎，主要采取隔离、淘汰和消毒等措施进行处理。

（六）鸡传染性喉气管炎

鸡传染性喉气管炎是由传染性喉气管炎病毒引起鸡的一种急性接触性传染病，以呼吸困难、咳嗽、常咳出带血分泌物为特征。

1. 流行特点

此病主要发生于鸡。各种日龄的鸡均可感染，以成年鸡多见。一年四季均可发生，但以冬春季节多见。此病在同群鸡中传播速度快，但群间传播速度较慢。此病的发病率高，但死亡率相对较低。

2. 临床症状

在临床上，此病表现型有喉气管型和结膜型两种。

（1）喉气管型：主要表现呼吸困难（抬头伸颈、张口呼吸）（图1-36），打喷嚏，咳嗽，并咳出血痰，在墙壁、鸡笼上时常可见到血迹，有时发出尖叫声或鸣笛声，有时可见甩头现象。食欲减退，鸡冠变紫，精神沉郁，严重时可因为喉头渗出物阻塞造成病鸡突然窒息死亡。产蛋鸡发病时，除了有呼吸道症状外，还会出现产蛋率下降、畸形蛋增加现象。此病的发病率可达

图1-36　抬头伸颈，张口呼吸

50%~100%；死亡率0%~60%，平均13%左右，死亡率高低与饲养管理条件以及用药情况关系较大。此病的病程可持续2~3周。

（2）结膜型：由低致病性毒株引起，主要表现眼结膜红肿、流泪、鼻液增多等临床症状。眼分泌物从浆液性到脓性，严重时可导致眼盲。

3. 病理变化

（1）喉气管型：主要病理变化在喉头和气管。喉头有黄色阻塞物（图1-37、图1-38），切开喉头可见喉头和气管表面有一层带血的黄白色干酪样物（图1-39），拨开黄白色阻塞物可见气管黏膜出血严重（图1-40）；有时可见支气管黏膜也有出血，产蛋鸡可见部分卵巢变性。

图 1-37　喉头有黄色阻塞物

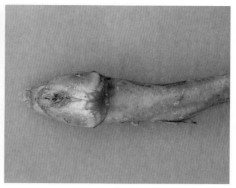

图 1-38　喉头有黄白色干酪样阻塞物

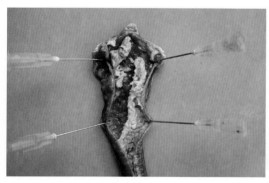

图 1-39　喉头和气管表面黄白色干酪样物

图 1-40　气管黏膜出血明显

（2）结膜型：主要表现浆液性结膜炎，有时眶下窦肿大并充满白色干酪样物，眼眶出现水肿。

4.诊断

（1）临床诊断：根据病鸡出现张口呼吸、咳嗽并咳出带血黏液，以及特征性的喉头病变可做出初步诊断。在临床上，需注意与 H_9 亚型禽流感鉴别诊断。

（2）实验室诊断：可取发病早期病鸡气管进行病理切片，在气管细胞核内查到包涵体即可确诊。也可进行鸡胚的病毒分离，经 3~4 天培养后可在尿囊膜上形成痘斑，并取尿囊液进一步做病毒鉴定（如中和试验）诊断。此外，目前应用较广泛的是采用聚合酶链反应试验进行诊断。

5. 防治措施

（1）预防：第一，加强饲养管理。坚持严格的消毒、隔离制度，禁止易感鸡与病愈鸡或来历不明鸡接触。第二，疫苗接种。在此病流行的地区可选择使用疫苗免疫。目前使用的疫苗有鸡痘、传染性喉气管炎二联活疫苗，鸡传染性喉气管炎灭活疫苗以及鸡传染性喉气管炎活疫苗3种，其中鸡传染性喉气管炎活疫苗和鸡痘、传染性喉气管炎二联活疫苗使用效果较好。一般单联的活疫苗可安排在35日龄左右进行点眼免疫，对蛋鸡或种鸡可于3~4月龄时再免疫一次；鸡痘、传染性喉气管炎二联活疫苗可安排在15~20日龄刺种免疫。

（2）发病时处理措施：此病无特效的治疗药物，但使用一些抗病毒中药和对症药物治疗，可降低发病率和死亡率，如氯化铵、红霉素以及一些平喘止咳中药（如麻黄碱等）。对周围受威胁的假定健康鸡群，要及时采用此病的活疫苗进行紧急免疫接种。此外，还要加强饲养管理，做好环境消毒工作。

（七）鸡减蛋综合征

鸡减蛋综合征是由禽腺病毒引起蛋鸡或种鸡产蛋率下降的一种传染病。此病以产蛋率急剧下降、产白壳蛋、软壳蛋为特征。

1. 流行病学

易感动物主要是鸡。20~35周龄的产蛋鸡均能感染，但以产蛋前期的2~3个月多见。此病可经过种蛋垂直传播，也可在鸡群间水平传播，无明显季节性。此病的发生与饲养管理不良有很大关系。近年来，随着相关疫苗在鸡场的广泛使用，此病的发病率逐步下降，发病程度也逐渐减轻。

2. 临床症状

鸡群采食量基本正常，但产蛋率突然下降，每天可下降2%~4%，连续2~3周，总体下降幅度达30%~50%，之后产蛋率又逐渐恢复，但是很难恢复到正常高峰期。每天5%~20%的鸡蛋出现蛋壳变白、产软壳蛋（图1-41），甚至出现无壳蛋，薄蛋壳的一端通常很

图1-41　产软壳蛋

粗糙。鸡群无死亡现象，粪便也无明显变化。

3. 病理变化

蛋鸡无明显的肉眼病理变化，剖检有时可见输卵管及子宫黏膜肥厚，腔内可见白色渗出物或干酪样物；有时也会出现卵泡变性现象。

4. 诊断

（1）临床诊断：从鸡群吃料正常、产蛋率急剧下降、病鸡产白壳蛋、薄壳蛋和无壳蛋等临床症状基本可做出初步诊断。导致鸡群产蛋率下降的传染病除了鸡减蛋综合征外，还有 H_9 亚型禽流感、鸡支原体病、鸡传染性支气管炎、非典型鸡新城疫、鸡传染性喉气管炎、鸡脑脊髓炎等，需鉴别诊断。

（2）化验室确诊：一方面取病料（直肠内容物和输卵管）经过处理后接种到鸡胚成纤维细胞，进行病毒分离和鉴定。另一方面可抽取不同发病时期鸡血清，进行血凝抑制试验，检查鸡减蛋综合征抗体变化。若抗体水平变化明显，也可说明该鸡群感染此病。此外，还可采用聚合酶链反应试验进行诊断。

5. 防治措施

（1）疫苗预防：预防此病主要靠接种疫苗。目前使用的疫苗有鸡减蛋综合征（EDS-76）灭活疫苗，鸡新城疫－减蛋综合征二联灭活疫苗，以及鸡新城疫－传染性支气管炎－减蛋综合征三联灭活疫苗（简称新支减三联灭活疫苗）等。不管哪一种疫苗，在蛋鸡开产前肌内注射 0.5~1 毫升有较好的免疫保护作用。同时，在饲养过程中，加强饲养管理，减少各种不良环境应激，也会减少此病的发生。

（2）发病时处理措施：对于确诊是鸡减蛋综合征造成的减蛋，目前尚未有特效的治疗药物，但在饲料中适当地增加多种维生素、氨基酸等营养物质，有助于鸡群产蛋率的早日恢复。

（八）鸡痘

鸡痘是由鸡痘病毒引起鸡的一种接触性传染病。此病的特点是在鸡身体无毛或毛发少的皮肤上长痘疹，或在鸡口腔、咽喉黏膜上形成纤维素性坏死性假膜。

1. 流行病学

各种日龄的鸡均能感染，一年四季均能发生，但以夏秋季节、蚊虫较多的时候多发。感染途径主要是经过破损皮肤（蚊虫叮咬）或上呼吸道黏膜传染。

2. 临床症状

根据鸡发病部位和病理变化，可将鸡痘分为皮肤型、黏膜型和混合型等3种类型。

（1）皮肤型：在身体无毛或毛发稀少的部位（如鸡冠、肉髯、眼睑、喙角、泄殖腔周围、翼下、腹下及腿部、鸡爪等）形成一种灰白色或黄白色水疱样小结节（图1-42、图1-43、图1-44），小结节干燥后形成痂皮，数个痂皮可融合形成突出皮肤的痘。剥去痂皮可露出出血病灶。3~4周后，痂皮可自行脱落形成疤痕。有时痂皮会感染细菌形成化脓灶；有时可导致眼睛化脓或瞎眼（图1-45）。雏鸡感染鸡痘，往往会影响病鸡眼睛视力和采食，导致消瘦，甚至死亡。大鸡感染鸡痘，会影响胴体品质，但对采食、生长则无大的影响。

图 1-42　鸡冠长小结节

图 1-43　鸡爪长小结节

图 1-44　鸡爪长小结节

图 1-45　眼睛化脓或肿胀

（2）黏膜型：主要发生口腔和咽喉部。首先在黏膜上形成黄色小点，而后这些小点逐渐融合，形成黄白色纤维素性假膜，覆盖于黏膜表面（图1-46）。随着病情发展，往往会影响病鸡的正常采食和呼吸，表现为采食量不同程度地下降，鸡消瘦，甚至死亡。有时假膜会阻塞喉头，导致鸡窒息死亡（即喉痘）。发病率50%~80%，死亡率达5%~50%。

图1-46　口腔黏膜上形成纤维素性假膜

（3）混合型：指病鸡同时兼有皮肤型和黏膜型病理变化，病情会比较严重些。

3. 病理变化

除了皮肤和黏膜病理变化外，内脏一般无明显的肉眼病理变化。黏膜型鸡痘，局部病理变化有时也会扩大到喉头气管（图1-47）、支气管、食管和肠道。

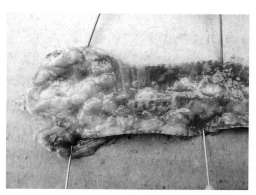

图1-47　喉头、气管黏膜出现痘状病变

4. 诊断

（1）临床诊断：典型的鸡痘病例通过观察皮肤和黏膜病理变化即可做出初步诊断。在临床上需与鸡大肠杆菌眼炎、奇棒恙螨病鉴别诊断。

（2）病毒分离：取病鸡病理变化组织或痂皮做成1∶5悬液接种鸡胚，5~7天后可见鸡胚绒毛尿囊膜上出现痘斑；接种到SPF（无特定病原）鸡后，皮肤也出现典型的皮肤痘疹。此外，还可采用聚合酶链反应试验进行诊断。

5. 防治措施

（1）预防：鸡痘的预防除了加强鸡舍的卫生管理、定期消灭鸡舍内外的蚊虫外，最重要的是接种疫苗。目前使用的疫苗有鸡痘活疫苗和鸡痘、传染性喉气管炎活疫苗。具体做法是，鸡痘活疫苗用生理盐水稀释后，对14日龄以上鸡的翅内侧无血管处皮下刺种 1~2 针，也可用生理盐水稀释后皮下注射 0.1~0.2 毫升。刺种或注射 3~4 天后，局部皮肤逐渐会出现红肿、水疱及结痂。若无这些局部变化要补种疫苗。

（2）处理：对于刚刚发病或仅仅出现个别鸡长鸡痘，可以对全群鸡进行紧急免疫。对于全群大部分鸡已发病，可根据不同的临床症状，采取不同的处理措施。第一，以皮肤型为主的病例，全群口服抗病毒药物；对个别病鸡皮肤上的痘痂，可采用镊子小心剥离，局部伤口用甲紫或碘甘油等涂抹。第二，以黏膜型为主的病例，采用镊子剥掉口腔黏膜上的假膜，用 1% 高锰酸钾液冲洗后，再涂以碘甘油。此外，也可对全群病鸡肌内注射禽干扰素，4~5 天后鸡群可逐渐恢复正常。

（九）鸡马立克病

鸡马立克病是由疱疹病毒引起鸡的一种淋巴组织增生性疾病。

1. 流行特点

此病主要发生于鸡，各种品种、各日龄鸡均易感。不同品种鸡易感性有所不同，一些品种（如乌骨鸡）对此病高度敏感，也有一些品种（如火鸡）对此病有较强的抵抗力。日龄越小，易感性越高，其中 1 日龄雏鸡最易感。此病潜伏期较长，可达 1~2 个月，所以在临床上以 50~140 日龄的鸡发病率高，150 日龄以后逐渐减少。传播途径主要通过与病鸡或受污染的场所接触后，经呼吸道传染。病毒一旦侵入易感鸡群，感染率几乎可达 100%，但发病率和死亡率差异很大（10%~90%）。

2. 临床症状

根据此病所发生的部位不同，可分为内脏型、神经型、眼型和皮肤型等 4 种表现类型，其中以内脏型最为常见。

（1）内脏型：精神萎靡，羽毛松乱，食欲减少，明显的消瘦，排绿色大便，常并发球虫病或慢性呼吸道疾病。鸡群通常从 50 日龄开始发病和死亡，随着日龄增加死亡率也逐渐增加，到 100 日龄时达到高峰，以后死亡率逐渐减少。

（2）神经型：病鸡出现一条腿向前伸，另一腿向后伸的"劈叉腿"姿势

（图 1-48）；有的病鸡表现翅膀无力下垂；有的鸡颈部斜向一侧。

（3）眼型：一侧或两侧眼睛对光反应迟钝，重者失明；眼球呈灰白色，瞳孔边缘不整齐呈锯齿状。

（4）皮肤型：体表毛囊腔形成结节或小的肿瘤状物（图 1-49），并突出皮肤呈灰黄色，这些瘤状物有时会破溃。以颈部、翅膀、大腿外侧皮肤多见。

图 1-48　出现劈叉脚症状

3. 病理变化

（1）内脏型：肝脏肿大 1~3 倍，质地变硬，肝脏表面可见粟粒大至黄豆大的灰白色肿瘤结节（图 1-50）；脾脏肿大 1~5 倍（图 1-51）；腺胃肿大，腺胃壁增厚，切开后可见腺胃黏膜或乳头出血、溃烂。鸡体消瘦，胸骨突出明显。有时在心脏、卵巢、肺脏、

图 1-49　体表毛囊形成结节

肾脏等器官也可见到肿瘤结节。若并发球虫或慢性呼吸道疾病还可见到肠出血、心包炎等病变。

图 1-50　肝脏肿大并出现肿瘤结节

图 1-51　脾脏肿大

（2）神经型：一侧坐骨神经肿大、水肿（图 1-52），其银白色纹理消失，神经周围的组织也会出现水肿现象。

（3）眼型：眼角膜混浊，瞳孔边缘不整齐。

（4）皮肤型：皮肤毛囊腔出现肿瘤结节。

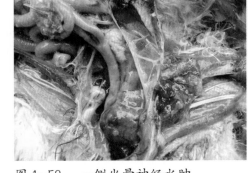

图 1-52　一侧坐骨神经水肿

4. 诊断

（1）根据此病的流行病学、临床症状及特征性病变可做出初步诊断。在临床上，此病要与鸡白血病、鸡腺胃型传染性支气管炎、鸡网状内皮组织增生等进行鉴别诊断。

（2）确诊：包括病毒分离以及血清学诊断等方法，其中血清学诊断中以琼脂扩散试验使用最广泛。此外，聚合酶链反应试验在马立克氏病的诊断上也得到广泛应用。

5. 防治措施

（1）预防：建立鸡场有效的生物安全体系。首先，要加强种禽场孵化室的卫生消毒和早期隔离工作，防止和控制病毒的早期感染。其次，雏鸡要与产蛋鸡、育成鸡分开饲养，防止病毒交叉感染。

（2）疫苗免疫：雏鸡出壳后第一天就免疫接种鸡马立克病活疫苗。目前我国使用的鸡马立克病活疫苗有液氮苗和冻干苗，其中液氮苗有 CVI988 单苗和 CVI988+HVT 二价苗 2 种；冻干苗为火鸡疱疹病毒活疫苗（HVT-FC126）。冻干苗使用方便，易保存，能一定程度上防止肿瘤形成，但不能预防超强毒感染，也易受到母源抗体的干扰而造成免疫失败，在生产中多用于 70 日龄内出栏的肉鸡使用。液氮苗可以预防超强毒株的感染，受母源抗体干扰也小，一般在接种后 5~6 天即可产生免疫保护作用，多用于种鸡场和蛋鸡场以及出栏时间超过 3 个月的肉鸡，但液氮苗对保存条件要求高。

（3）处理措施：此病目前尚无有效的药物治疗方案。对种鸡场应严格做好检疫检验工作，发现病鸡坚决淘汰，切断传染源并做好环境消毒工作。对肉鸡场以淘汰为主。

（十）鸡白血病

鸡白血病是由禽白血病增生病毒引起的一种会导致鸡产生良性和恶性肿瘤病理变化的慢性传染病。目前，禽白血病有 10 多个血清型，其中在临床上常见的有内脏型和血管瘤型（J 型）两种病症。

1. 流行病学

此病只感染鸡，年龄越小易感性越强，但由于潜伏期较长，自然感染病例多见于 14~30 周龄。近年来，此病的发病日龄有扩大化趋势，即早在 8 周龄或迟至 40 周龄均有病例出现。此病的传染源是病鸡和隐性带毒鸡。传播途径可经种蛋垂直传播，也可通过与病鸡、带毒鸡直接或间接接触而发生水平传播，但以垂直传播为主。此外，鸡群饲养管理不良、不良环境应激、维生素缺乏会增加发病率。

2. 临床症状

（1）内脏型：病鸡精神萎靡，鸡冠和肉髯有的苍白，有的发绀，吃料减少，病鸡体况衰弱并表现进行性消瘦（图 1-53），时常排出黄绿色稀粪。病鸡腹部肿大，用手可触及内脏的肿瘤块。产蛋母鸡停止产蛋，最后衰竭死亡。此病的隐性感染率较高，发病率达 10%~50%，死亡率达 5%~20%。鸡群淘汰率比较高。

图 1-53　进行性消瘦

（2）血管瘤型：病鸡精神沉郁，食欲减少，鸡冠苍白，消瘦，拉黄绿色稀粪，产蛋率下降。在脚趾及胸部、翅膀等处可见突出皮肤的血疱（图 1-54）。有时病鸡的血疱被啄破后会出现流血不止而死亡；有时病鸡出现内脏出血而猝死。发病率 5%~20%，死亡率达 5%~10%。

图 1-54　脚部皮肤长血疱

3. 病理变化

（1）内脏型：病死鸡消瘦、胸骨突出。剖检可见病死鸡的内脏器官如肝脏、脾脏、法氏囊、肾脏等常形成肿瘤结节（图1-55、图1-56、图1-57），有时其他器官（如肺脏、性腺、心脏、骨髓、卵巢、肠系膜等）也可能出现肿瘤结节（图1-58、图1-59、图1-60）。肿瘤形状多呈结节状、粟粒状或弥散性生长。做病理切片观察，可见肿瘤组织主要由B淋巴细胞组成。

图1-55　肝脏形成肿瘤

图1-56　脾脏形成肿瘤

图1-57　肾脏形成肿瘤

图1-58　心脏形成肿瘤

图1-59　卵巢形成肿瘤

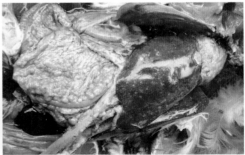

图1-60　肠系膜弥漫性肿瘤

（2）血管瘤型：病死鸡消瘦，在脚趾和胸部、翅膀皮下可见一些血疱（图1-61），有时小血疱破溃。剖检内脏，可见肝脏表面浆膜层下有出血块，肠系膜也可见出血疱（图1-62），有时在内脏器官还可见到弥漫性肿瘤结节。卵巢上的卵泡变性，输卵管发育不良。

图 1-61　胸部皮下长血疱　　　　　图 1-62　肠系膜长血疱

4. 诊断

（1）临床诊断：在临床上此病要与鸡马立克病、鸡网状内皮组织增生病进行鉴别诊断。

（2）确诊：需进行禽白血病病毒分离、聚合酶链反应试验以及血清学诊断确诊。

5. 防治措施

此病目前尚无疫苗可预防，也无有效的药物进行治疗，原则上要对病鸡进行淘汰处理。此病的预防可以从3个方面入手：第一，做好种鸡群的定期检查工作，发现病鸡和疑似病鸡要及时进行淘汰处理，并定期采血化验白血病的感染率，使种鸡场的白血病抗体阳性率控制在2%以下。第二，做好种蛋及孵化设备的消毒工作，减少此病的早期污染和垂直传播。第三，加强鸡群饲养管理，提高饲养水平，减少各种不良应激，这对减少此病的发病率和发病程度也有一定作用。

（十一）鸡心包积液综合征

鸡心包积液综合征是由血清4型腺病毒引起鸡出现心包积液、肝脏炎症坏死为特征的一种新型传染病，又称"安卡拉"病毒病。

1. 流行病学

此病主要发生于肉鸡和蛋鸡，发病多见于3~6周龄，有的可扩大到20周龄。病鸡和带毒鸡是主要传染源，一年四季均可发生，主要通过引种或水平接触传播。近年来，此病在我国的发生日益增多。

2. 临床症状

鸡群总体精神状况尚好，多数死鸡缺乏先兆症状，少数患鸡有精神沉郁、羽毛松乱和轻微的呼吸道症状；个别出现拉黄色稀粪，两脚无力。出现上述临床症状后，多在1天内死亡。病程可持续2~3周，整体发病率20%~80%，死亡率10%~50%。若处理不当，死亡率可高达80%。

3. 病理变化

病死鸡的膘情均较好，肌肉苍白，鸡冠和鸡脚也较苍白。剖检可见心脏心包积液明显（图1-63），切开心包可见心包液呈黄褐色，有些出现胶冻样，心肌柔软。肝脏肿大、色泽变黄（图1-64），边缘圆钝，质地较脆，有时肝脏表面出现坏死斑或出血斑。腺胃松软，个别在腺胃与肌胃交界处有出血斑（图1-65）。肺有不同程度水肿，呈暗红色，挤压有泡沫。肾脏轻度肿胀，并有轻度出血斑（图1-66）。法氏囊萎缩，其他内脏器官有时可见一些出血性病变。

图1-63　心包积液明显

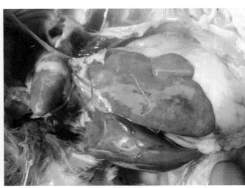

图1-64　肝脏肿大、色泽变黄

图 1-65　腺胃与肌胃交界处有出血斑　　图 1-66　肾脏肿胀，有轻度出血

4. 诊断

（1）病毒鉴定：取病死鸡的肝脏、脾脏、肺脏等病料进行血清 4 型腺病毒的聚合酶链反应试验，结果阳性即可确诊。

（2）鉴别诊断：在临床上此病需要与鸡新城疫、鸡传染性法氏囊病、鸡中暑等疾病进行鉴别诊断。

5. 防治措施

（1）预防：平时要加强鸡场的饲养管理，做好鸡场内外的环境卫生和消毒工作，降低饲养密度，做好通风工作，不从疫区引进种鸡。此外，疫区在 15~20 日龄接种相应的腺病毒病灭活疫苗，对预防此病有较好的效果。

（2）治疗：选用相应的腺病毒卵黄抗体进行肌内注射治疗，有较好效果。采用黄芪多糖或清瘟败毒口服液以及保肝通肾药物进行治疗有一定效果。在发病期间，尽可能少用各种抗生素和磺胺类药物，否则会加重病情，提高发病率和死亡率。

三、细菌性疾病

（一）鸡白痢

鸡白痢是由鸡白痢沙门菌引起的一种细菌性传染病，主要侵害雏鸡。

1. 流行病学

此病主要侵害 2~3 周龄雏鸡，中大鸡多为轻微发病或隐性带菌。一年四季均可发生。饲养管理条件差、长途运输、密度过大、通风不良、育雏室的温度不均匀、饲料质量不良等因素均可诱发或加剧此病的发生。

2. 临床症状

雏鸡从 5~6 日龄开始发病，2~3 周龄是发病和死亡的高峰，发病率通常为 10%~50%，死亡率高的可达 30% 以上。病鸡主要表现精神沉郁，羽毛松乱，食欲降低，打堆，排灰白色稀粪（图 1-67），泄殖腔周围羽毛常沾有白色粪便（图 1-68），有时泄殖腔被白色粪便粘住造成排粪困难，有时出现呼吸困难、张口呼吸，个别病鸡眼角膜混浊。病雏生长缓慢。病程持续 2 周左右，而后逐渐转为慢性病例。中鸡和成年鸡通常为慢性或隐性感染，主要表现消瘦，腹部膨大，肛门口羽毛污秽，产蛋减少以及卵黄性腹膜炎等临床症状。

图 1-67　排出灰白色稀粪

图 1-68　泄殖腔周围羽毛沾有白色粪便

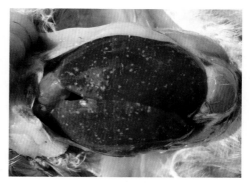

3. 病理变化

雏鸡主要病理变化是脱水明显，肝脏肿大。肝脏表面有大小不等、数量不一的坏死点（图1-69）；卵黄吸收不良，外观呈黄绿色；病程稍长的病例可见肺脏有黄白色坏死结节（图1-70）；心包膜增厚，心肌上时有坏死灶或结节；肠道有不同程度的炎症，盲肠肿大、内有白色干酪样物；肾脏肿大，输尿管有尿酸盐沉积；个别病鸡出现关节肿大。中大鸡主要病理变化是肝脏肿大、质地极脆、表面有坏死斑，腹腔有不同程度的积水，心肌有坏死灶。产蛋鸡还可看到卵巢上的卵泡变形、变色，有时还有卵黄性腹膜炎。

图 1-69 肝脏肿大、表面有白色坏死点

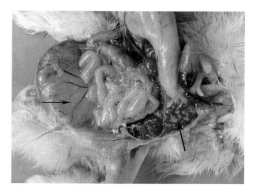

图 1-70 肺脏有白色结节

4. 诊断

根据此病的流行病学、临床症状以及病理变化可做出初步诊断。要确诊必须对肝脏进行细菌镜检和培养、鉴定，沙门菌呈短杆状（图1-71）。此外，成年鸡有无隐性带菌可通过全血平板凝集试验进行诊断。

5. 防治措施

（1）预防：第一，种鸡群的净化。鸡白痢可经种蛋垂直传播，所以培育种鸡时要特别注意鸡白痢的检疫检验，及时淘汰阳性带菌种鸡。具体做法是从

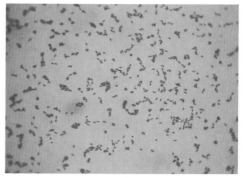

图 1-71 沙门菌形态

60~70日龄开始，每隔1个月全群抽血检查鸡白痢1次，直到全群鸡的鸡白痢阳性率低于0.5%为止。第二，严格消毒。种鸡场要严格对种蛋、孵化器以及其他

用具进行严格消毒（如熏蒸消毒），同时还要定期地对种鸡群进行带鸡消毒。第三，做好雏鸡的饲养管理。包括适当的育雏温度、湿度、通风、光照以及良好的饲料，其中保温尤为重要。第四，药物预防。鉴于鸡白痢的病例时有发生，在育雏头几天要按说明喂以氟苯尼考或盐酸环丙沙星以及适量的电解质和多种维生素，可明显降低此病的发病率、死亡率，提高雏鸡的均匀度。

（2）治疗：治疗鸡白痢的方案和药物很多，其中比较常用的药物有盐酸环丙沙星、恩诺沙星、氟苯尼考、硫酸新霉素、阿莫西林、头孢噻呋钠等，具体用量参考说明书使用。

（二）鸡伤寒

鸡伤寒是由鸡伤寒沙门菌引起的一种鸡败血性传染病。

1. 流行病学

此病主要侵害成年鸡。传播途径可通过种蛋垂直传播，也可以水平传播（包括病鸡与易感鸡直接接触传播，以及通过饲养员、用具等的间接传播）。

2. 临床症状

急性病例表现精神萎靡，突然减食，拉黄绿色稀粪，鸡冠和肉髯苍白，死亡快。亚急性和慢性病例表现贫血，渐进性消瘦，病死率较低。有时雏鸡也可发病，其病症与鸡白痢类似。

3. 病理变化

急性病例见不到明显的病理变化。亚急性和慢性病例可见肝脏肿大呈铜绿色（图1-72），有时肝脏和心脏有灰白色粟粒状坏死（图1-73），

图1-72　肝脏呈铜绿色

图1-73　肝脏肿大、表面有白色坏死灶

有时出现心包炎，公鸡还有睾丸炎病理变化。

4. 诊断

根据流行病学、临床症状、病理变化可做出初步诊断。确诊需进行细菌的分离培养和鉴定。此外，也可用平板凝集反应（方法同鸡白痢）对鸡群进行抽血化验。

5. 防治措施

此病的预防和治疗参考鸡白痢的防治方法（见本书 47~48 页）。

（三）鸡副伤寒

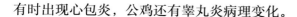

鸡副伤寒不是单一病原菌引起的疾病，而是由沙门菌属中除鸡白痢和鸡伤寒沙门菌之外众多血清型所引起的。此病属于人畜共患传染病，人类吃了受副伤寒病菌污染而又未经充分煮熟的鸡肉和鸡蛋时，易发生食物中毒现象。

1. 流行病学

此病常见于 2 周龄左右的雏鸡，发病后的 6~10 天是死亡高峰期，超过 1 个月龄以上的鸡则很少死亡。但中鸡、大鸡（特别是种鸡）往往成为此病的自然带菌者。传播途径有经蛋垂直传播以及水平传播两种方式。

2. 临床症状

成年鸡感染后多数无临床症状，容易成为隐性带菌，时间可持续 9~16 个月。雏鸡发生副伤寒时临床症状与鸡白痢、鸡伤寒很相似。急性病例主要表现为死亡快，无明显死前症状，多见于在刚出壳几天内的雏鸡；慢性病例主要表现为精神沉郁，垂头，闭目，双翅下垂，羽毛松乱，食欲减少，饮水增加，拉水样腹泻，肛门口黏附有粪便，有时还有流泪、失明、关节炎等症状。死亡率 2%~3%。在种鸡场有时会出现胚胎早期感染，鸡蛋孵化过程中出现较多死胚现象。

3. 病理变化

病鸡消瘦、脱水、卵黄吸收不良。在肝脏上有条纹状出血或有大小不等的灰白色坏死点和坏死斑（图 1-74）；

图 1-74　肝脏表面有坏死点和坏死斑

心包炎明显、心包积液并有纤维素性渗出物；小肠炎症明显，有时在肠壁和肠系膜上有白色坏死点，盲肠肿大，内含黄白色干酪样物质。成年鸡发生副伤寒时，肝脏肿大充血，肠炎明显，时常并发心包炎、腹膜炎以及卵巢坏死性病理变化，有时肠黏膜还出现坏死性溃疡灶。

4. 诊断

根据流行病学、临床症状、病理变化可做出初步诊断。确诊需对病鸡内脏组织进行细菌分离鉴定。

5. 防治措施

此病的预防和治疗参考鸡白痢的防治方法。

（四）鸡巴氏杆菌病

鸡巴氏杆菌病是由多杀性巴氏杆菌引起的一种急性败血症传染病，又称禽霍乱、禽出败。除鸡外，鸭、鹅、火鸡等其他禽类也会被感染发病。

1. 流行病学

鸡、鸭、鹅、火鸡等禽类均对多杀性巴氏杆菌易感。1个月龄以内的雏鸡对此病有一定的抵抗力，很少感染，3~4月龄成年鸡较易感。此病的主要传染源是病禽和带菌的家禽。此外，受污染的环境、水、饲料以及工具也是重要的传播来源。鸡群的饲养管理不良、长途运输、天气骤变、鸡群拥挤等因素均可诱发此病的发生和流行。此病一年四季均可发生，但以夏秋季节多发。此病易形成疫源地，易反复发作，不易根治。

2. 临床症状

根据此病发生的时间快慢可把鸡巴氏杆菌病分为最急性型、急性型和慢性型3种类型。

（1）最急性型：病鸡无明显临床症状，往往突然死在鸡笼内，有时也可见病鸡突然骚动不安，倒地后双翼扑动几下就死亡，膘情好的鸡更易死亡。

（2）急性型：此类占大多数。主要表现精神沉郁，离群，减食，流泪，并从鼻、口中流出粉红色液体，呼吸困难。下痢明显，粪便呈灰黄色或污绿色，有时带血液；鸡冠和肉髯呈青紫色，有时肿胀。死亡快，病程短，发病率和死亡率可达 50%~80%。用药后可短暂地控制病情，几天后又易发作。

（3）慢性型：进行性消瘦，贫血，下痢；有些病鸡肉髯肿大，关节肿大。病程可持续 1 个月以上。

3. 病理变化

（1）最急性型：见不到明显的病理变化，有时可见到心冠脂肪出血，肝脏表面有灰白色坏死点以及肠道肿大病理变化。

（2）急性型：肝脏肿大、质脆、表面散布许多针尖大小的灰白色的坏死点（图 1-75），心外膜、心冠脂肪有小出血点或出血斑（图 1-76），皮下组织、肠系膜等处也可见到出血斑或出血点，十二指肠肿大，切开小肠可见有卡他性或出血性肠炎。

（3）慢性型：病死鸡上呼吸道有黏液附着，关节可见炎性渗出物或干酪样坏死物，肉髯肿大、囊内为黄白色干酪样物，母鸡有时可见卵泡变性。

4. 诊断

此病的诊断除了观察鸡群临床症状、病理变化外，重要的是进行细菌的镜检（有荚膜、两极浓染的革兰阴性菌）（图 1-77）和分离鉴定。在临床上，此病要与中毒、H_5 亚型禽流感、鸡新城疫进行鉴别诊断。

图 1-75　肝脏表面有针尖大小的白色坏死点

图 1-76　心冠脂肪出血

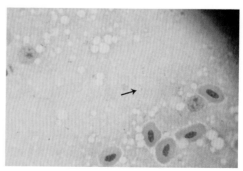

图 1-77　多杀性巴氏杆菌形态

5. 防治措施

（1）预防：第一，疫苗接种。目前用于预防鸡巴氏杆菌病的疫苗有禽多杀性巴氏杆菌病蜂胶灭活疫苗、禽多杀性巴氏杆菌病活疫苗等。但由于这些疫苗都存在免疫源性差、应激反应大以及免疫期短等缺点，导致该病疫苗的使用率比较低。第二，加强饲养管理。此病的发生与饲养条件有密切关系，平时要做好场所、饮水、工具等卫生消毒工作，也要做好外来车辆、人员、装鸡工具的消毒工作。鸡场内不要饲养鸭、鹅等其他品种禽类。第三，药物预防。对此病常发地区或鸡场，可因地制宜地选择使用广谱抗生素（如恩诺沙星、盐酸环丙沙星、氟苯尼考等）进行定期预防。

（2）治疗：鸡场一旦发生此病，容易形成疫源地，使此病在鸡群中反复发作，所以用药治疗时，一定要巩固3个疗程以上。具体来说，在急性病例要及时对每只鸡进行肌内注射抗生素（每只大鸡肌内注射青霉素和硫酸链霉素各5万~10万单位），一天1~2次。同时按药物说明选用下列药物中的一种进行饮水或拌料。如恩诺沙星、盐酸环丙沙星、氟苯尼考、阿莫西林、土霉素、磺胺对甲氧嘧啶、磺胺间甲氧嘧啶、磺胺氯达嗪钠、甲氧苄啶、二甲氧苄啶等，连用3~5天，停药后2~3天再重复使用2~3个疗程。必要时可采用两种药物配伍使用，以提高治疗效果。此外，对病死鸡要集中销毁和消毒，不要随便乱扔，以免造成此病扩散。

（五）鸡大肠杆菌病

鸡大肠杆菌病是由多种有致病性的大肠杆菌血清型引起的鸡出现不同类型病症的总称。具体包括败血症型、"三炎"（心包炎、肝周炎、气囊炎）型、脐炎型、卵黄性腹膜炎型、肉芽肿型以及眼型等。

1. 流行病学

鸡大肠杆菌病是一种条件性疾病，在卫生、防疫条件做得好的鸡场，此病较少发生；在饲养管理不良的鸡场，此病就比较严重。此病在临床上可单独发病，也常常并发或继发于其他传染病（如支原体病、球虫病、禽流感等）。此病一年四季均可发生。雏鸡最易感，成鸡有一定的抵抗力。常见的传播途径可经消化道或呼吸道传播。

2. 临床症状

（1）败血症型：死亡快，皮肤瘀血，血液凝固不良（为暗黑色）。病鸡食欲废绝，严重下痢（拉黄绿色稀粪），病后期严重脱水，双脚干瘪，衰竭。死亡率为 10% 左右。

（2）"三炎"（心包炎、肝周炎、气囊炎）型：多继发于鸡支原体病。表现咳嗽严重、拉黄绿色稀粪，消瘦，羽毛松乱，鸡冠发紫，零星死亡。遇到天气转变时，病情更严重，死亡率升高。

图 1-78　腹部膨大，脐孔闭合不全

（3）脐炎型：多见于刚出壳几天的雏鸡。表现腹部膨大，脐孔闭合不全（图 1-78），周围皮肤呈褐色，有恶臭味。死亡率可高达 50%。

（4）卵黄性腹膜炎型：多继发于 H_5 亚型禽流感或 H_9 亚型禽流感。表现精神沉郁，拉黄白色稀粪，脱肛，腹部膨大，几乎不生蛋，天气转变时鸡群死亡率偏高，病程持续长。

（5）肉芽肿型：外表无明显的临床症状，主要表现精神沉郁，生长速度较慢。

（6）眼炎型：初期表现眼睛发痒，常用鸡爪扒眼部。中后期可见眼睛肿大流泪（图 1-79），严重的可见一侧或两侧眼睛肿大化脓，最终导致瞎眼（图 1-80）。

图 1-79　眼睛肿大流泪

图 1-80　瞎眼

3. 病理变化

（1）败血症型：皮肤淤血、出血（图1-81），肝脏肿大、肝脏表面有散在的白色小坏死灶，肠黏膜充血、出血，肾脏肿大，肺脏出血。

（2）"三炎"（心包炎、肝周炎与气囊炎）型：消瘦，心包膜增厚、心包液混浊、心外膜有纤维性物质附着，严重的出现心包膜与心外膜粘连，肝脏肿大、肝脏表面也有一层白色纤维性渗出物附着（图1-82），有时肝脏表面也有白色坏死点，脾脏略肿大，气囊壁增厚、混浊（图1-83），严重时在腹腔内可见到黄色干酪样物质（图1-84）。

图1-81　皮肤淤血和出血

图1-82　心包炎，肝周炎

图1-83　气囊壁增厚

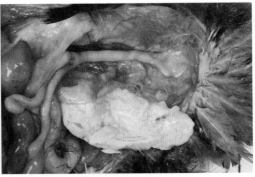

图1-84　腹腔内出现黄色干酪样物质

（3）脐炎型：雏鸡腹部膨大，脐孔不干，腹腔内的卵黄由正常的淡黄色变成棕色或黄绿色水样物。有些卵黄变成干酪样硬块。

（4）卵黄性腹膜炎型：卵巢变性，输卵管炎症水肿，腹腔中充满淡黄色带腥臭味的纤维素性渗出物，肠系膜和气囊相应地出现炎症，甚至粘连。有时在腹腔中或输卵管中可发现黄白色凝乳块物质（图1-85）。脱肛明显，泄殖腔发炎严重。

图1-85　卵黄性腹膜炎

（5）肉芽肿型：心脏、肝脏、十二指肠、盲肠、肠系膜等器官出现典型的肉芽肿（图1-86），外观与结核病结节、鸡马立克病的肿瘤结节很相似。

（6）眼炎型：眼睛出现肿大、化脓病理变化，严重的导致失明。

图1-86　心脏表面出现肉芽肿

4. 诊断

根据流行病学、临床症状、病理变化可做出初步诊断，确诊需送实验室进行细菌分离培养以及生化试验和血清学鉴定。由于此病往往继发于其他传染病，在临床上要对单纯性大肠杆菌病和继发性大肠杆菌病进行鉴别诊断。

5. 防治措施

（1）预防：此病的预防，首先要加强饲养管理，做好鸡舍及孵化室、育雏室的环境卫生，保持鸡舍的良好通风，温度适中，并做好定期消毒工作。第二，做好易继发大肠杆菌病的几种疫病预防工作，如鸡支原体病、禽流感等。鸡支原体病的预防工作做好了，鸡体内的呼吸道黏膜、气囊就比较完整，可形成一个良好的天然屏障，从而有效地预防鸡大肠杆菌病的发生。第三，在饲养过程中某些阶段，如育雏、转群、天气转变时可以在饮水或饲料中添加一些广谱抗生素（如氟苯尼考、盐酸环丙沙星等），可有效预防鸡大肠杆菌病。

（2）治疗：治疗大肠杆菌病的药物有很多，如氟苯尼考、甲砜霉素、盐酸环丙沙星、恩诺沙星、磺胺对甲氧嘧啶、乙酰甲喹、硫酸庆大霉素、硫酸安普霉素、硫酸黏菌素、硫酸新霉素等。但由于大肠杆菌血清型众多，且极易产生耐药性，所以在临床上有条件的地方最好要进行药敏试验，筛选出敏感药物进行治疗，可达到理想的治疗效果。在用药过程中也需考虑采用不同类型的药物进行搭配使用，或不同药物的交替使用，以达到提高药物使用的效果。病情严重时要考虑配合肌内注射氟苯尼考或盐酸环丙沙星等注射液进行治疗。

（六）鸡传染性鼻炎

鸡传染性鼻炎是由鸡副嗜血杆菌引起的一种急性上呼吸道传染病。此病以流鼻涕、肿脸、发病率高、对产蛋率影响较大为主要特征。目前，存在 A、B、C 三种血清型。

1. 流行病学

此病主要发生在 4 周龄以上的鸡，而雏鸡有一定的抵抗力。一年四季均可发生，但以秋冬季节较多见。传播途径有经空气传播（如飞沫传播）和通过污染的饲料、饮水、器具等间接接触传播。

2. 临床症状

病鸡表现精神沉郁、不吃食、流鼻涕（图 1-87）、打喷嚏、咳嗽，用手按压鼻孔可见鼻孔流出鼻液。流泪、眼睛红肿，严重时可出现上下眼睑粘连而导致病鸡失明。一侧或双侧眼眶周围组织肿胀（图 1-88），进而发展到眶下窦肿大。

图 1-87　流鼻涕

图 1-88　眼眶周围组织肿胀

个别可出现肿头、肿脸以及鸡冠和肉髯水肿。产蛋鸡还可导致产蛋率明显下降。笼养蛋鸡群此病传播速度快，发病率高达 90%，死亡率 5%~20%，病程持续7~20 天。

3. 病理变化

鼻腔、眶下窦和眼结膜出现急性卡他性炎症（图 1-89），面部和肉髯的皮下发生水肿，严重时鼻窦或眶下窦可流出大量黄白色干酪样物（图 1-90）。气管和支气管充血出血，管内有少量分泌物，其他器官无明显病理变化。

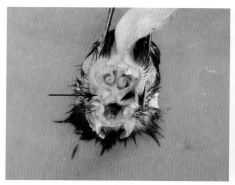

图 1-89　眶下窦出现卡他性炎症　　图 1-90　鼻窦和眶下窦有大量黄白色干酪样物

4. 诊断

（1）细菌培养：接种眶下窦分泌物于血琼脂平板上，再用金黄色葡萄球菌作交叉划线，置于 37℃厌氧条件培养 1~2 天，可见金黄色葡萄球菌菌落周围生长出一些半透明、露珠样的小菌落。必要时可进一步进行细菌生化鉴定。

（2）血清学化验：主要采用平板凝集试验进行诊断。

（3）鉴别诊断：在临床上此病需与鸡支原体病、鸡传染性支气管炎、鸡传染性喉气管炎、H_9 亚型禽流感进行鉴别诊断。

5. 防治措施

（1）预防：第一，目前国内外已有此病的灭活疫苗，在种鸡和产蛋鸡的开产前使用该疫苗对预防此病具有一定效果。灭活疫苗应选用本场相应血清型或多价灭活疫苗为宜。第二，要做好鸡场的卫生消毒措施，对病愈鸡要隔离饲养，在饮水中要定期添加含氯消毒药进行饮水消毒，病后鸡场还要加强定期消毒工作和生物安全工作。

（2）治疗：治疗鼻炎的药物很多，多种磺胺类药物和抗生素对此病均有效果。其中磺胺类药物是首选药物，要连续用药 5~7 天。对个别严重病鸡（如肿脸）采用青霉素、硫酸链霉素进行肌内注射，每天 1 次，连用 2 天，有较好的治疗效果。在治疗过程中，要做好消毒隔离工作，防止病情传染给临近鸡舍或周边鸡场。

（七）鸡坏死性肠炎

鸡坏死性肠炎是由魏氏梭菌引起的一种鸡急性传染病。在临床上以排黑色或混有血液的稀粪为主要临床症状，以小肠中后段黏膜坏死为主要病理变化。

1. 流行特点

此病可发生于各种日龄鸡，以蛋鸡和种鸡多发。一年四季均可发生，其中以温暖潮湿的春夏季多发。此病的发生与鸡舍饲养密度大、鸡舍潮湿，饲料中缺乏维生素、饲料变质腐败、饲料配方中粗纤维缺乏等均有关系。

2. 临床症状

临床上可表现为急性病例和慢性病例，其中急性病例表现突然死亡，精神沉郁，食欲减少或废绝，流涎，并排出暗红色（图 1-91）或黑色稀粪；慢性病例表现为体重减轻，消瘦，排出灰褐色稀粪，最终衰竭死亡，病程可长达 1~3 周。产蛋鸡和种鸡还表现产蛋率下降、种蛋孵化率低等临床症状。

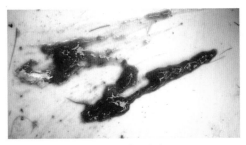

图 1-91　排出暗红色稀粪

3. 病理变化

肝脏肿大，有时肝脏表面有坏死灶，小肠肿大明显，切开小肠可见内容物呈西红柿样或豆腐渣样内容物，肠黏膜充血坏死，黏膜表面可见不同程度的黄色坏死物（图 1-92）。

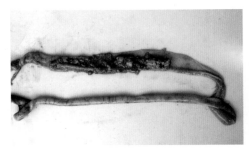

图 1-92　肠黏膜表面有黄色坏死物

4. 诊断

通过流行病学、临床症状以及病理变化可做出初步诊断。要确诊可通过对小肠黏膜涂片镜检或细菌分离进行诊断。

5. 防治措施

在预防上要加强饲养管理，严禁使用腐败变质饲料，饲料配方中提高粗纤维比例，适当降低能量水平，并做好鸡舍的通风工作，降低饲养密度。此外，还要做好鸡球虫病、鸡大肠杆菌病等肠道疾病的防控工作。

在治疗上，可使用杆菌肽锌、硫酸庆大霉素、硫酸新霉素、硫酸黏菌素等药物进行治疗，磺胺类药物对此病也有一定治疗效果。

四、真菌性及支原体性疾病

（一）鸡曲霉菌病

鸡曲霉菌病是由曲霉菌及其毒素侵害鸡造成的一种真菌性疾病。其中烟曲霉菌可导致鸡等禽类发生呼吸道炎症和肺脏、气囊形成小结节，发病率和死亡率都比较高，对养禽业危害大；而黄曲霉主要通过其霉菌毒素的长期慢性的蓄积作用，对肝脏等器官造成影响。

1. 流行病学

各种日龄鸡对烟曲霉菌都易感，其中以雏鸡的易感性最高，常为群发性，并呈急性经过。成年鸡仅为散发。污秽的垫料、场所、用具以及霉变的饲料均可成为此病的传染源。饲养管理不良及卫生条件差是此病暴发的主要诱因（如温差大、通风不良、密度大、营养不平衡等）。

2. 临床症状

精神委顿、呼吸困难（以张口呼吸、头颈伸直为主），但很少有啰音，吃料减少、消瘦。后期会出现拉稀及并发支气管炎临床症状，若不及时处理，死亡率可达 50% 以上。

3. 病理变化

在肺脏、气囊以及胸膜、腹膜上出现针头大小至米粒大小或绿豆大小的结节（图 1-93）。结节的颜色为灰白色、黄白色或淡绿色，质地柔软而有弹性，切开呈干酪样。肺脏上多个结节的整合可使肺组织质地变硬，并形成增生性肺炎。肝脏出现黄白色坏死点（图 1-94），有时在肺脏、肝脏、气囊或腹腔浆膜上

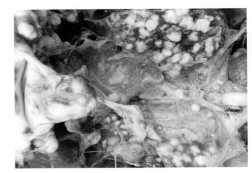

图 1-93　肺脏有黄白色霉菌结节

图 1-94　肝脏出现黄白色坏死点

可见成团的或成片的霉菌斑（图1-95、图1-96、图1-97）。

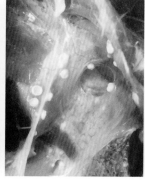

图1-95　肝脏表面
有霉菌斑

图1-96　气囊上出现
成团的霉菌斑

图1-97　腹腔浆膜上出现成团的
霉菌斑

4. 诊断

根据流行病学、临床症状以及病理变化基本可做出初步诊断。取霉菌结节放在载玻片上，滴1~2滴10%氢氧化钾溶液，待组织溶解后压片镜检，可见到曲霉菌的菌丝及孢子即可确诊（图1-98）。也可取病料经处理后接种真菌培养基，7~14天后，培养基上如长出灰绿色菌落，经镜检可确诊。

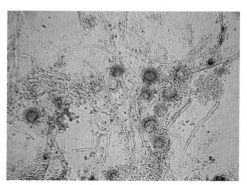

图1-98　培养后的孢子和孢子囊形态

5. 防治措施

（1）预防：第一，加强饲养管理，注意通风，保持鸡舍干燥，不喂发霉饲料，垫料不要有霉变现象。当饲料中水分超过14%或环境中相对湿度超过85%时，饲料、垫料易发霉。第二，在饲料中添加一些防霉剂，防止饲料发霉。第三，加强消毒。在育雏舍进鸡苗之前可以用福尔马林熏蒸消毒或用过氧乙酸喷雾消毒。

（2）治疗：对轻度病例可选用如下药物进行治疗，制霉菌素按照成鸡每只15~20毫克、雏鸡每只3~5毫克，混于饲料中，连用3~5天；克霉唑按照每100

只雏鸡1克混于饲料中，连用3~5天；硫酸铜按每升水添加0.3克浓度做饮水治疗，连用3~5天，有一定效果。严重的病例治疗效果较差。

（二）鸡念珠菌病

此病是由白色念珠菌引起的一种鸡消化道真菌病，又称霉菌性口炎、鹅口疮。

1. 流行病学

此病可发生在2月龄以内的幼禽（鸡、鸭、鹅、鸽等）。随着年龄的增长，死亡率和发病率降低，耐过的往往成为带菌者。此病的发生与鸡场长期使用广谱抗生素、不卫生的饲养环境以及鸡机体抵抗力低下有关。传播途径主要经消化道传播。

2. 临床症状

此病无明显的临床症状。有时可见病鸡采食量减少，生长发育不良，精神差，羽毛松乱，经常性流涎和拉稀，并有呕吐和吐酸水等临床症状。并发全身感染时，往往出现食欲废绝而衰竭死亡。

3. 病理变化

主要病变在上消化道。嗉囊胀满，嗉囊黏膜增厚，表面有白色圆形隆起的溃疡灶，在溃疡灶外面还覆盖一层黄白色坏死物（图1-99）。有时在口腔、食管以及腺胃黏膜上也可见到类似病理变化（图1-100）。

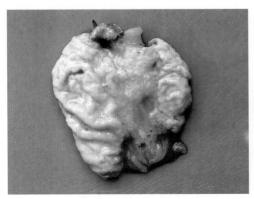

图1-99　嗉囊黏膜增厚、表面有一层黄白色坏死物　　图1-100　口腔黏膜有干酪样物沉积

4. 诊断

根据消化道病变可做出初步诊断。确诊可通过刮取嗉囊病变组织或表面渗出物做抹片检查，在显微镜下镜检出真菌的菌体和假菌丝（图1-101），即可确诊。

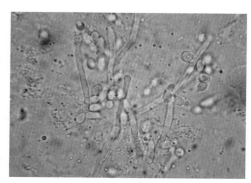

5. 防治措施

（1）预防：改善鸡群卫生条件，避免长期不间断地使用广谱抗生素。

图1-101　白色念珠菌形态

（2）治疗：可采用如下方案之一进行治疗。第一，按每升水添加0.3~0.5克硫酸铜溶液进行自由饮水，连用3~5天。第二，每千克饲料中添加制霉菌素50~100毫克，连用2~3周。第三，每千克饲料中添加克霉唑300~500毫克，连用2~3周。

（三）鸡败血支原体病

此病是由鸡败血支原体引起鸡出现以慢性呼吸道感染为主要特征的传染病。

1. 流行病学

不同日龄鸡和火鸡均能感染此病，但以1~2月龄鸡多见，成年鸡多数呈隐性经过和散发。此病的传播以种蛋垂直传播为主，此外也可通过水平接触传播。此病一年四季均可发生，但以寒冷潮湿、气候多变时易发。环境卫生不良、饲养密度过大、通风不好、饲料中缺乏维生素A、长途运输、疫苗免疫等均可诱发此病。鸡患此病后易继发大肠杆菌病。

2. 临床症状

病鸡流浆液性鼻液、打喷嚏、呼吸困难、顽固性咳嗽，并有气管啰音。吃料略减少，生长速度减慢，逐渐消瘦。个别严重的病鸡可见鼻腔和眶下窦肿胀，眼球突出甚至失明（图1-102）。

图1-102　眼睛失明

拉黄绿色稀粪。发病率高，但死亡率随着饲养管理条件以及继发疾病不同而异，一般为 5%~30%。成年蛋鸡还表现产蛋率下降，种鸡还表现孵化率下降、弱雏增加。此病多呈慢性经过，病程可持续 1 个月以上，且随着天气变化而反复发作。

3. 病理变化

早期可见气管内积有黏液，气囊壁增厚、混浊（图 1-103），并有干酪样渗出物。严重病例可见鼻腔、眶下窦内蓄积大量的黏液性或干酪样物并压迫眼球造成瞎眼。肝脏肿大、表面有一层黄白色假膜，心包膜增厚并呈乳白色。到后期此病常与大肠杆菌病混合感染，临床上常见到明显的心包炎、肝周炎、气囊炎病理变化（图 1-104），肺部呈暗红色，肠道有明显的肠炎症病变（肿大）。

图 1-103　气囊壁增厚、混浊　　　　图 1-104　心包炎、肝周炎、气囊炎

4. 诊断

（1）临床诊断：根据流行特点、临床症状及病理变化可做出初步诊断。

（2）确诊：一方面取病料进行鸡支原体培养鉴定；另一方面抽取血清进行平板凝集反应，若没有免疫过支原体疫苗免疫而出现抗体阳性，则表明该鸡场有此病的感染，这对种鸡场进行支原体净化有重要意义。

（3）鉴别诊断：此病在临床上要与鸡传染性支气管炎、鸡传染性喉气管炎、鸡传染性鼻炎、鸡 H9 亚型禽流感等疾病进行鉴别诊断。

5. 防治措施

（1）预防：第一，疫苗免疫。目前鸡支原体疫苗有活疫苗和灭活疫苗 2 种。活疫苗主要用于 5 日龄内雏鸡接种，但由于所有的抗生素对鸡支原体活疫苗均有杀灭作用，会影响免疫效果，所以目前活疫苗使用率不高。灭活疫苗对鸡有一定的免疫作用，目前只有在种鸡群使用。第二，药物预防。由于鸡支原体多数由种蛋垂直传播造成，所以药物预防应安排在早期进行。如5~20日龄育雏期间安排2个疗程的预防性用药，具体用药以大环内酯类药物为主（如酒石酸泰乐菌素、磷酸替米考星等）以及延胡索酸泰妙菌素等药物。第三，加强饲养管理，坚持"全进全出"管理制度，定期消毒，降低饲养密度，注意通风，防止饲养环境的过热或过冷。此外，还要做好种鸡的净化工作，尽量减少此病经蛋垂直传播。

（2）治疗：对已发病的鸡群可选择使用多种药物进行治疗，如红霉素、酒石酸泰乐菌素、延胡索酸泰妙菌素、吉他霉素、磷酸替米考星等，土霉素、强力霉素、盐酸大观霉素等对此病也有一定效果。对于有明显大肠杆菌病并发感染的病例要结合使用氟苯尼考或硫酸安普霉素进行治疗。对于严重的病例（如死亡率较高），可在饮水或拌料用药的基础上，再结合肌内注射氟苯尼考或硫酸庆大霉素或盐酸林可霉素－盐酸大观霉素等药物，以控制继发感染，降低死亡率。

（四）鸡滑液支原体病

此病是由鸡滑液支原体引起鸡出现软脚、消瘦和龙骨囊肿的一种传染病。

1. 流行病学

此病主要感染鸡和火鸡。多见于4~16周龄鸡，慢性感染病例可见于任何日龄。此病的传播途径主要是经种蛋垂直传播，也可以经水平传播（如呼吸道、传播媒介）。发病率10%~50%，死亡率1%~10%，与鸡败血支原体病相比，死亡率相对较低。

2. 临床症状

病鸡表现软脚，跛行（图1-105），关节和爪垫肿胀（图1-106），常伴胸骨囊肿，同时还表现生长缓慢，消瘦，羽毛松乱，鸡冠发育不良。常排出带尿酸盐的黄绿色粪便。有时鸡群还有轻度的呼吸道啰音。病鸡最终因消瘦衰竭而死亡。

图 1-105 软脚、跛行

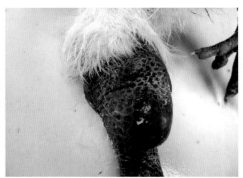

图 1-106 关节肿大

3. 病理变化

跗关节和龙骨滑膜囊内积有黏稠的渗出物（图 1-107、图 1-108），严重时龙骨囊肿，内有干酪样渗出物（图 1-109、图 1-110）。随着病程的发展，在腱鞘内、

图 1-107 跗关节积有黏稠渗出物

图 1-108 龙骨滑膜囊积有黏稠渗出物

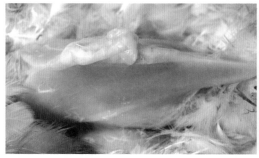

图 1-109 龙骨囊肿、内有干酪样渗出物

图 1-110 龙骨囊肿、内有大量干酪样渗出物

肌肉内、气囊上均可见到干酪样渗出。肾脏肿大且有大量尿酸盐沉积并呈斑驳状。有呼吸道症状的还可见气囊混浊病理变化。

4. 诊断

此病的诊断有赖于鸡支原体病原分离鉴定以及血清学试验诊断。

5. 防治措施

（1）预防：第一，疫苗免疫。采用滑液支原体灭活疫苗对种鸡和 15 日龄雏鸡进行免疫接种。第二，药物预防。在 5~20 日龄育雏期间，采用酒石酸泰乐菌或磷酸替米考星或延胡索酸泰妙菌素等药物进行预防。

（2）治疗：治疗方法参考鸡败血支原体病相关内容。此外，对病鸡群可采用大剂量的青霉素钠和硫酸链霉素混合肌内注射 1~2 次，或盐酸林可霉素－盐酸大观霉素混合肌内注射 1~2 次，具有较好的治疗效果。

五、寄生虫病

（一）鸡球虫病

球虫病是鸡常见的寄生虫病。按照球虫形态，鸡球虫可分为柔嫩艾美耳球虫、毒害艾美耳球虫、堆形艾美耳球虫、布氏艾美耳球虫、巨型艾美耳球虫、变位艾美耳球虫、和缓艾美耳球虫、早熟艾美耳球虫以及哈氏艾美耳球虫等球虫；按照球虫寄生部位，鸡球虫可分为盲肠球虫（主要由柔嫩艾美耳球虫引起）、小肠球虫（主要由毒害艾美耳球虫等球虫引起）和混合型球虫（既有盲肠球虫，又有小肠球虫）。按照病程长短，鸡球虫可分为急性球虫病和慢性球虫病。

1. 流行病学

各种品种、各种日龄鸡对球虫均有易感性。其中以3月龄以内，特别是15~60日龄的鸡最易暴发球虫病，可造成大面积发病、死亡。成年鸡往往成为隐性带虫者和传染源。此病的传播途径是消化道，即易感鸡啄食了感染性卵囊经7~10天感染发病。此病一年四季均可发生，但在春季雨水多、环境潮湿时，发病率相对较高。此外，此病的发生与卫生条件、饲养管理不当以及某些传染病的存在（如鸡传染性法氏囊病、鸡马立克病等）也有一定关系。

2. 临床症状

（1）急性型：精神委顿，吃料和饮水减少，拉黄白色、黄褐色稀粪（图1-111）或血便，泄殖腔周围的羽毛被粪便污染而粘连在一起。同时鸡冠苍白贫血，消瘦，腿无力，死亡快。若治疗不及时，死亡率可达50%~80%。在临床上，盲肠球虫和小肠球虫都会表现为急性型。

（2）慢性型：多见于4~6月龄以上的成鸡或急性球虫病后期，病程长，

图1-111　排出黄褐色稀粪

可持续数周。表现拉黄褐色（如巧克力样）稀粪，病鸡逐渐消瘦，鸡冠苍白，死亡率相对较低。在临床上，慢性型多见于小肠球虫。

3. 病理变化

（1）盲肠型球虫：主要病理变化在盲肠。可见一侧或两侧盲肠显著肿大（为正常的3~5倍）（图1-112），内充满暗红色血液或凝固血块（图1-113）。盲肠黏膜上有点状或弥漫性出血。有时盲肠黏膜变厚与血凝块混合凝固成坚硬的"肠栓"。小肠无明显病理变化，直肠有轻度出血。

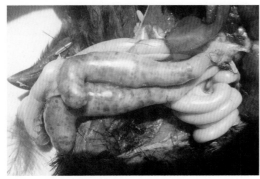

图1-112　盲肠肿大

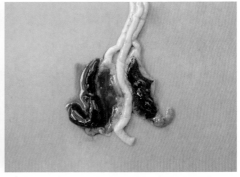

图1-113　盲肠出血、内含凝固血块

（2）小肠球虫：主要病理变化在小肠。可见小肠壁扩张、肥厚，肠浆膜上有明显的灰白色坏死点或红色出血点（图1-114），严重时可见肠壁弥漫性出血。肠腔中充满凝固的血液，肠管外观看似淡红色或红褐色。

（3）混合型球虫：在盲肠和小肠均可见到典型的肿大和出血病理变化。对于成鸡慢性病例，则在盲肠或小肠内

图1-114　小肠肿大、出血

可见到黄褐色浓稠状内容物或西红柿样内容物。

4. 诊断

通过临床症状、病理变化基本可做出初步诊断。刮取病理变化段肠黏膜或肠

内容物进行镜检，检到球虫的卵囊（图 1-115）、裂殖体（图 1-116）、裂殖子等即可确诊。至于是哪一种球虫需对卵囊进行培养后根据孢子化卵囊形态（图 1-117）进行鉴定。在临床上许多球虫病是由两种或两种以上球虫共同感染引起的，也有不少病例不是单独的球虫病，而是与其他疾病并发（如鸡马立克病、传染性法氏囊病等），此时就需要进行鉴别诊断，判断以哪种疾病为主。

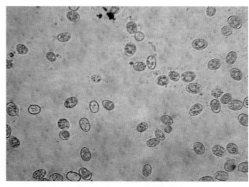

图 1-115　卵囊形态

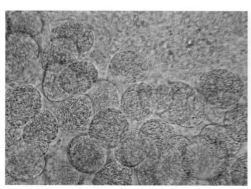

图 1-116　裂殖体形态

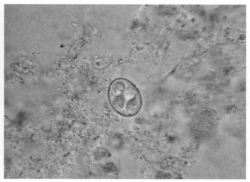

图 1-117　孢子化卵囊形态

5. 防治措施

（1）预防：第一，加强饲养管理，保持鸡舍干燥、通风，做好鸡场卫生消毒工作，有条件的要对地面和用具进行火焰消毒，定期清除粪便并采取堆积发酵。在球虫多发期间（15~60 日龄）不要饲喂过量的多种维生素或 B 族维生素。有条件的鸡场尽量采用网上饲养（可养到 40~45 日龄），可大大地降低球虫病的发病率。第二，球虫疫苗预防。3~5 日龄雏鸡可通过饮水、滴嘴等方法进行鸡球虫活疫苗的接种，可明显降低鸡球虫病的发生。第三，药物预防。从 10~15 日龄开始定期（每隔 7~10 天）饲喂抗球虫药物进行预防，用药的种类和剂量参考治疗用量。

（2）治疗：目前治疗鸡球虫病的药物种类很多，这些球虫药可单独使用或

2~3 种配伍使用。

①盐酸氨丙啉：用于抑制球虫第一代裂殖体形成裂殖子效果好，本品毒性较小，安全范围大。混饮按每 1000 升水添加 600 克，连用 3~5 天。临床上可配伍磺胺喹噁啉一起使用提高治疗效果。

②盐霉素钠：多用于预防性用药。混饲按每 1000 千克饲料添加 60 克。注意本品不能与延胡索酸泰妙菌素配伍使用，否则会出现中毒反应。

③马杜霉素：混饲按每 1000 千克饲料添加 5 克。用于治疗和预防的效果都比较好，但安全范围小，超量易造成中毒反应。

④地克珠利：混饲按每 1000 千克饲料添加 1 克，混饮按每 1000 毫升水添加 0.5~1 毫克，对盲肠球虫效果好。本品安全范围大，不易造成中毒反应。

⑤妥曲珠利（百球清）：混饮按每 1000 毫升水添加 25 毫克，对盲肠、小肠球虫均有较好效果。

⑥磺胺类：如磺胺氯吡嗪钠、磺胺间甲氧嘧啶、磺胺对甲氧嘧啶、磺胺喹噁啉、磺胺二甲嘧啶等。具体用量按说明使用。使用磺胺类抗球虫药时不能与复合维生素 B 混合使用，否则会降低抗球虫药效果，也易导致球虫病的暴发。

⑦尼卡巴嗪：混饲按每 1000 千克饲料添加 125 克，是预防球虫病的价廉物美药物。但在天气炎热时不能使用本品，否则会影响鸡体散热功能而导致鸡中暑死亡。

⑧氯羟吡啶：混饲按每 1000 千克饲料添加 125 克，本药易造成耐药性。

⑨氢溴酸常山酮：混饲按每 1000 千克饲料添加 3 克，主要用于鸡，水禽不能用。

除了拌料、饮水外，对严重病例（不吃料或不饮水）可采用磺胺间甲氧嘧啶钠注射液或青霉素钠进行肌内注射 1~2 针，每天 1 次，连打 2 针，具有较好的治疗效果。

（二）鸡组织滴虫病

鸡组织滴虫病是由火鸡组织滴虫引起鸡出现盲肠发炎、肝脏坏死的一种急性原虫病，又称鸡盲肠肝炎或鸡黑头病。

1. 流行病学

2~16 周龄的鸡和火鸡最易感，成年鸡则无明显的临床症状，可成为带虫者。传播途径主要通过消化道感染。异刺线虫不仅是组织滴虫的储藏宿主，而且还是传播者。此外，蚯蚓由于吞食异刺线虫的虫卵而成为此病的传播者，受污染的饲料、饮水、土壤也可能是此病的传染源。鸡群的拥挤、环境卫生差、饲料营养不良均可诱发此病。此病在温暖、潮湿的夏秋季节较多发。

2. 临床症状

此病的潜伏期 15~21 天。病鸡表现精神委顿，食欲减少，羽毛松乱，下痢，严重时可排出血便，鸡冠和肉髯呈黑色或暗紫色（图 1-118），病程 1~3 周。

3~12 周龄的小鸡死亡率可高达 50%，病愈鸡或 5~6 月龄以上成鸡多为隐性带虫，会不断污染环境。

3. 病理变化

剖检病变主要局限在盲肠和肝脏。一侧或两侧盲肠变得粗而硬，肠壁增厚如香肠样，内为干酪样栓塞（图 1-119），横断面呈同心圆状，盲肠黏膜发炎、出血明显。肝脏肿大，肝脏表面形成一些圆形或不规则的中间凹陷的溃疡病灶（图 1-120），溃疡

图 1-118　鸡冠呈黑色

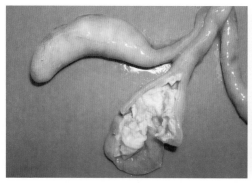

图 1-119　盲肠肿大、内有干酪样栓塞

图 1-120　肝脏肿大、表面形成圆形的黄绿色的坏死灶

灶为淡黄色或灰绿色。其他内脏病变不明显。

4. 诊断

根据此病的特征性的病理变化可做出初步诊断。取盲肠内容物进行镜检，如检出活动的组织滴虫（图1-121）即可确诊。

5. 防治措施

（1）预防：平时要做好鸡场的

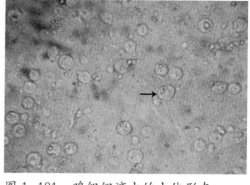

图 1-121 鸡组织滴虫的虫体形态

环境卫生和消毒工作，雏鸡最好采用网上饲养，避免接触到地面和传染源。定期对鸡群进行异刺线虫的驱虫工作。对经常发生此病的鸡场，可在 20~50 日龄期间定期添加药物进行预防。

（2）治疗：可选用甲硝唑（按每千克饲料添加 200~400 毫克，连用 3~5 天）或地美硝唑（按每千克饲料添加 200~400 毫克，连用 5 天）进行治疗有较好效果。有时使用地克珠利配合磺胺类药物治疗也有一定效果。

（三）鸡住白细胞虫病

此病是由卡氏住白细胞虫和沙氏住白细胞虫寄生于鸡白细胞和红细胞内而引起的一种血液原虫病，又称鸡白冠病。

1. 流行病学

任何日龄鸡均能感染此病。其中 2~6 周龄的雏鸡以及成年蛋鸡、种鸡最为常见。此病的发生具有明显的季节性，即每年的 5~10 月份多发，尤其以 5~6 月份比较多。此病的传播需要吸血昆虫（库蠓和蚋）作为传播媒介。当库蠓或蚋吸食鸡血液时，住白细胞虫的孢子就随蠓和蚋的唾液进入鸡体内的肝脏、脾脏、淋巴结等器官进行无性繁殖，发育成裂殖体、裂殖子和配子体，这些裂殖子和配子体再次被库蠓或蚋吸血后在其体内进行有性繁殖产生孢子。整个发育周期只需十几天。

2. 临床症状

（1）雏鸡（2~6周龄）：鸡冠苍白，食欲减少，拉黄绿色稀粪，个别有口吐鲜血表现，体重减轻，逐渐衰竭而死。发病率5%~30%，死亡率10%~50%。

（2）产蛋鸡：鸡冠偏白，严重的表现为苍白色（图1-122），粪便为黄绿色或青绿色，采食量略减少，产蛋率逐渐下降，蛋壳质量变差（出现较多薄壳蛋和麻点蛋），每天出现零星死亡病例。

3. 病理变化

（1）雏鸡：消瘦、肌肉苍白、血液稀薄、脾脏略肿大（表面有斑驳状），胸肌和腿肌有点状出血囊（图1-123），肾脏表面大片出血（图1-124），心脏、胰腺、肠系膜以及腹腔脂肪等器官有许多灰白色或红色出血囊（图1-125）。

图1-122　鸡冠苍白

图1-123　胸肌有大量突起的点状出血囊

图1-124　肾脏出血

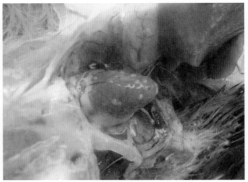

图1-125　心脏表面有灰白色出血囊

（2）产蛋鸡：除鸡冠苍白、血液稀薄外，脾脏肿大 2~5 倍，表面呈现斑驳状（图 1-126），腹腔脂肪、胰腺、肠外壁、输卵管内侧均出现许多的小出血囊（图 1-127、图 1-128、图 1-129），有时这些器官上还出现灰白色小结节，肠壁充血呈粉红色（图 1-130）。

图 1-126　脾脏肿大、表面呈斑驳状

图 1-127　胰腺有出血囊

图 1-128　肠壁有出血囊

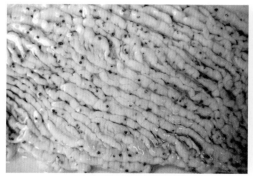

图 1-129　输卵管有出血囊

图 1-130　肠管呈粉红色

4.诊断

根据流行病学、临床症状、病理变化可做出初步诊断。确诊可取小出血囊进行压片，或取鸡血进行涂片后再用姬姆萨染色，在显微镜下检查到白细胞或红细胞内有不同发育阶段的虫体（图131），即可确诊。

5. 防治措施

（1）预防：第一，在库蠓和蚋传播媒介流行季节（5~10月份）做好鸡舍内外蚊虫的消灭工作。一般在晚间或清晨用溴氰菊酯喷洒鸡舍和周围环境，每周 1~2 次。第二，在此病流行季节在饲料中定期地添加磺胺间甲氧嘧啶钠（每 1000 千克饲料添加 200

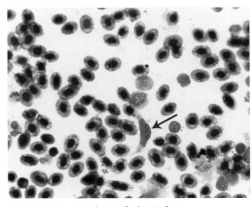

图 1-131　住白细胞虫形态

克，连用 5 天）。第三，采用全封闭式鸡舍，防止蚊虫飞入，可从根本上预防此病。

（2）治疗：发生此病时要在饮水或饲料中添加磺胺间甲氧嘧啶钠（每 1000 千克料添加 300 克，连用 3~4 天）。对个别精神差、不吃料的病鸡可肌内注射磺胺嘧啶钠注射液。此病治疗好后一段时间，由于天气转变或库蠓等蚊虫再度叮咬时可使此病再度复发，还需重复用药治疗。

（四）鸡蛔虫病

鸡蛔虫病是由鸡蛔虫寄生于鸡小肠内的一种常见寄生虫病。

1. 流行病学

鸡蛔虫病主要发生于 2~12 月龄鸡，其中 2~4 月龄的鸡最易感，病情也较重。不同品种的鸡对蛔虫易感性有所不同。饲养条件与此病感染率关系很大，其中放牧饲养的鸡感染率明显高于舍饲鸡。

2. 临床症状

生长发育不良，精神萎靡，行动迟缓，鸡冠苍白，食欲基本正常或略减少，逐渐消瘦，有时可见拉稀，粪中可见蛔虫排出。严重的可因衰竭或因十二指肠被蛔虫阻塞而死亡。4 个月龄以上大鸡对此病的抵抗力逐渐增强，1 年以上的成年鸡一般较少感染或不表现明显的临床症状。

3. 病理变化

小肠黏膜充血、出血，肠内充满大量蛔虫（图 1-132），严重时虫体可缠绕成团，造成肠道阻塞。有时在肌胃、腺胃、食管内也可见到虫体，有时可出现因肠穿孔引起腹膜炎或蛔虫移行到肝脏造成异物性肝炎。鸡发育不良，胸骨突出明显。

4. 诊断

根据临床症状及肠内检出大量蛔虫即可做出诊断。必需时可采集粪便进行虫卵检查（图 1-133）。

5. 防治措施

（1）预防：鸡舍及其活动场上的粪便要经常清扫干净，并采用堆积发酵方法杀死虫卵。有条件的鸡场可采取"全进全出"饲养模式，避免小鸡和大鸡混养。小鸡养殖到 40 日龄左右

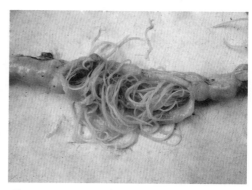

图 1-132　小肠内充满蛔虫

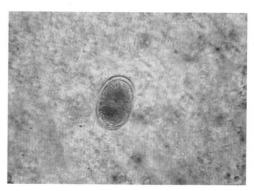

图 1-133　鸡蛔虫的虫卵形态

要进行首次驱虫，间隔 1~2 个月后再重复驱虫 2~3 次。

（2）治疗：治疗鸡蛔虫的药物较多，常用的有盐酸左旋咪唑（按每千克体重 7.5~15 毫克进行拌料）；阿苯达唑（按每千克体重 30 毫克拌料一次饲喂）或阿维菌素、伊维菌素（按每千克体重 0.3 毫克剂量进行拌料治疗）。此外，哌嗪类驱虫药对鸡蛔虫也有较好的治疗效果。

（五）鸡绦虫病

鸡绦虫病是一种常见的鸡寄生虫病，病原包括四角赖利绦虫、棘盘赖利绦虫、有轮赖利绦虫以及节片戴文绦虫等绦虫。

1. 流行病学

各种日龄的鸡均可感染。鸡吞食了含有感染性幼虫的中间宿主（如蚂蚁），经 12~23 天幼虫在鸡小肠内发育成为绦虫成虫，并开始随粪便向外排出成熟的孕节片。这些孕节片中的虫卵在外界环境中被中间宿主吞食后，在中间宿主体内经 15 天左右可发育成为感染性幼虫。此病的感染率的高低与饲养方式关系很大，一般来说，舍饲圈养的感染率极低，而野外放牧的鸡感染率很高。

2. 临床症状

幼鸡感染后症状较重，主要表现为消化不良、拉出带黏液稀粪、食欲减少、消瘦，严重时可产生死亡现象。成年鸡感染后一般见不到明显的临床症状。

3. 病理变化

肠壁有充血、出血甚至坏死溃疡。肠内可见数量不等的白色扁平、带状分节的虫体（图 1-134）。严重时，由于虫体数量多可造成肠道阻塞。病程长的，可见肠管肿大，肠黏膜增厚。有时可见肠壁上有增生性突起病变，大小如芝麻粒的黄色小结节。

图 1-134　肠内检出白色扁平带状虫体

4. 诊断

根据临床症状、病理变化以及肠道内剖检出绦虫虫体即可做出诊断。要判断是哪一种绦虫（如四角赖利绦虫、棘盘赖利绦虫）（图 1-135、图 1-136），需对虫体（特别是头节和节片）进行形态鉴定。

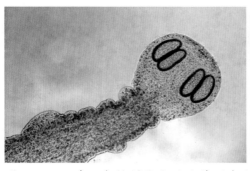

图 1-135　鸡四角赖利绦虫的头节形态

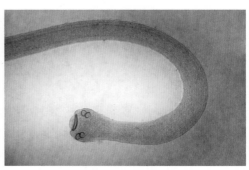

图 1-136　鸡棘盘赖利绦虫的头节形态

5. 防治措施

（1）预防：平时饲养过程中要保持鸡舍的清洁卫生，及时清除粪便，并集中在指定地点进行无害化处理，同时对中间宿主（蚂蚁）要定期进行消灭，切断此病传播的中间环节。此外还需定期采用驱虫药物进行预防。

（2）治疗：可选用下列药物进行治疗，如氯硝柳胺（又称灭绦灵，按每千克体重50~60毫克拌料，一次喂服）、阿苯达唑（按每千克体重20~30毫克拌料，一次喂服），对治疗此病均有很好效果，此外，还可使用吡喹酮（按每千克体重10~20毫克）拌料治疗，也有一定效果。

（六）鸡膝螨病

鸡膝螨病是由鸡突变膝螨或鸡膝螨寄生于鸡身上的一类寄生虫疾病。其中突变膝螨主要寄生于鸡脚趾皮肤的鳞片下，患部似涂了一层石灰，所以又称"石灰脚"病。而鸡膝螨则寄生于鸡羽毛根部的皮肤上，导致出现"脱羽症"。

1. 流行病学

不同日龄鸡均可感染。由于鸡膝螨的全部生活过程都在鸡体上，所以此病的传播途径主要通过鸡与鸡的直接接触而传播，有时也可通过接触到污染的环境和用具而间接传播。

2. 临床症状

（1）鸡突变膝螨：通常寄生于鸡胫部和足部无羽毛处皮肤，首先发生局部炎症，接着皮肤增生变粗糙，局部的渗出物逐渐干涸后形成白色或灰黄色痂皮，外观像涂了一层石灰（图1-137）。由于局部皮肤肿胀发痒，病鸡常常自啄而造成外伤和出血，也会影响病鸡的行走和采食。此病会严重影响鸡的胴体品质。

图1-137　鸡脚外观像涂石灰的"石灰脚"

（2）鸡膝螨：寄生在羽毛根部皮肤上，会沿着羽轴穿入皮肤，使皮肤发红、羽毛易脱落。有时鸡与鸡之间也会相互啄羽毛，造成"脱羽症"，严重时身上羽毛全部掉光。

3. 病理变化

鸡突变膝螨的病理变化在于胫部和足部皮肤发炎，流出的渗出物干涸后形成"石灰脚"。鸡膝螨的病理变化在于鸡翅膀和尾部大羽毛会被啄或掉光，局部皮肤出现炎症。

4. 诊断

用小刀蘸上油后刮取病灶部的皮屑置于载玻片上，在显微镜下可观察到螨虫并通过形态结构来鉴定鸡膝螨种类（图1-138、图1-139）。

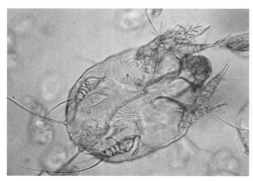
图1-138　鸡膝螨的雄虫形态

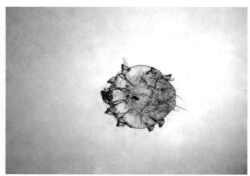
图1-139　鸡膝螨的雌虫形态

5. 防治措施

（1）预防：平时要认真检查，发现病鸡要及时隔离或淘汰。对假定健康鸡平时要做好消毒和定期杀虫工作。

（2）治疗：局部病变严重的鸡，可选用过氧化氢溶液或温肥皂水软化痂皮，再用溴氢菊酯或双甲脒溶液进行浸泡，还可用硫黄软膏涂擦患部。若发病率较高，可采用口服或拌料伊维菌素（按每千克体重0.3毫克拌料）进行治疗。

（七）鸡皮刺螨病

鸡皮刺螨病是由鸡皮刺螨寄生于鸡皮肤和鸡舍内的一种常见寄生虫病。

1. 流行病学

各种日龄的鸡均能感染。以舍饲的蛋鸡、种鸡多见，放牧的肉鸡少见，有时舍饲鸭也可感染此病。鸡皮刺螨的发育要经卵、幼虫、若虫、成虫四个阶段，其中虫卵主要存在于鸡窝的缝隙或碎屑中，经7天发育后变成能吸血的成虫。鸡皮刺螨主要在夜间吸取鸡血，若鸡关在笼子里或母鸡在孵蛋时，在白天鸡也会被吸血。

图 1-140　皮肤上有许多虫体在爬动

2. 临床症状

病鸡躁动不安，吃料减少，产蛋率下降，严重时可见日渐消瘦、贫血、鸡冠苍白。仔细察看病鸡皮肤上有许多小螨虫在爬动（图1-140），有时也会爬到饲养员身上，引起皮肤瘙痒。此病在陈旧的鸡舍较常见。

3. 病理变化

除皮肤贫血苍白、羽毛脱落较多外，无其他明显的病理变化。

图 1-141　虫体呈椭圆形

4. 诊断

将螨虫置于放大镜或低倍显微镜下进行形态观察，可见虫体呈椭圆形（图1-141），饱血后虫体由灰白色变为红色，雌虫的长度为0.72~0.75毫米，宽度为0.4毫米，饱血后长度可达1.5毫米。雄虫的长度为0.6毫米，宽度0.32毫米。成年螨虫的腹面有4对较长的足，四肢末端均有吸盘，头部2根螯肢细长。幼虫则只有3对足。虫卵呈长椭圆形（图1-142）。

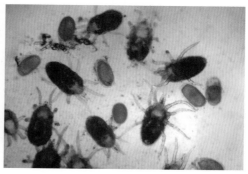

图 1-142　鸡皮刺螨的虫体及虫卵形态

5. 防治措施

按每升水添加0.1~0.2毫升溴氢菊酯直接喷洒病鸡、鸡舍、鸡笼及饲槽等，每周1~2次，对平养蛋鸡要勤换垫草并烧毁带虫垫料。此外，严重感染的鸡群可配合伊维菌素预混剂进行拌料治疗，连喂3~5天，有较好的治疗效果。

（八）鸡羽虱病

鸡羽虱病是由许多种类的羽虱（包括鸡羽虱、鸡圆羽虱、鸡翅长羽虱等）寄生于鸡体表所引起的一类鸡体外寄生虫病。

1. 流行病学

各种日龄鸡均可感染。此病对成年鸡通常无严重致病性，但对雏鸡可造成严重伤害。一年四季均可发生，但以冬春季节多发。由于鸡羽虱以皮肤鳞屑、羽毛或羽根部血液为食，其全部生活史均在鸡体内完成，所以传播方式以直接接触感染为主。

2. 临床症状

鸡体奇痒，躁动不安，自啄羽毛或相互啄毛，结果造成羽毛脱落、皮肤出血或结痂。体质弱小的鸡可引起死亡。产蛋鸡可导致采食量减少、产蛋率下降，在皮肤和羽毛上可见羽虱爬动（图1-143），在羽毛根部可见成堆的虫卵（图1-144）。

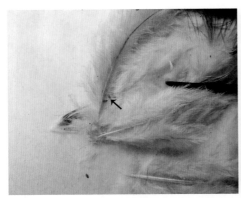

图1-143　羽毛上有羽虱爬动

图1-144　羽毛根部可见成堆的虫卵

3. 病理变化

除羽毛脱落较多外，无其他明显病理变化。

4. 诊断

根据临床症状和鸡身上发现的大量羽虱可做出初步诊断。如要确定鸡羽虱种类，需对虫体形态结构进行鉴定（图1-145）。

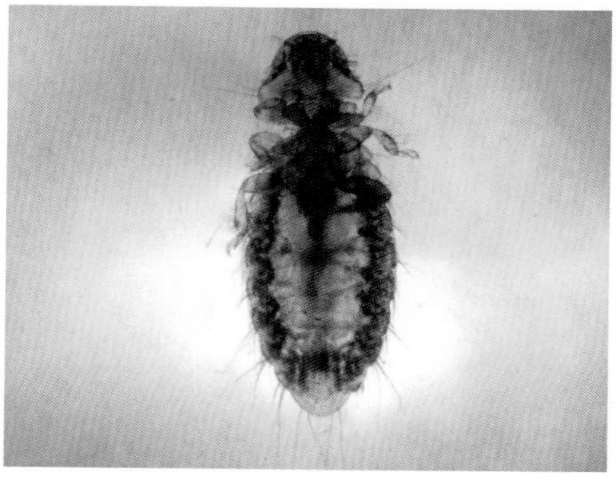

5. 防治措施

（1）药物喷洒法治疗：定期用溴氢菊酯（按每升水添加0.1~0.2毫升）水溶液喷洒鸡只、鸡舍、鸡笼及舍槽等进行除虫处理，每周1~2次。

图1-145　鸡羽虱虫体形态

（2）喷粉法治疗：在一个有钻满小孔的纸罐内装入0.5%敌百虫或硫黄粉，将药粉均匀地喷撒在鸡羽虱寄生部位。

（3）沙浴法治疗：在鸡运动场里建一个长方形浅池（20厘米深），池中填入含5%硫黄粉（每100千克细沙加5千克硫黄粉）或含3%除虫菊粉的沙子，让鸡自行沙浴。

（九）鸡奇棒恙螨病

鸡奇棒恙螨病是由恙螨科新棒恙螨属中的鸡奇棒恙螨寄生于鸡（其他禽类也会感染）皮肤上的一种寄生虫病，又称鸡新棒恙螨、鸡新勋恙螨。

1. 流行病学

鸡奇棒恙螨可寄生在鸡、鸭、鹅等禽类皮肤上，各种日龄鸡均可寄生，其中以中大鸡为主。在野外放牧的鸡群易感染此病，而舍饲鸡很少见。一年四季中以夏秋季多见。在全国各地均有此病分布。

2. 临床症状

鸡奇棒恙螨多寄生在翅膀内侧、胸肌两侧以及双腿的内侧皮肤上，局部呈粉红色痘状凸起（图1-146、图1-147）。患病鸡局部奇痒，死亡率很低，但成鸡感染此病后会严重影响鸡的胴体品质。

图 1-146　皮肤局部有粉红色痘状凸起

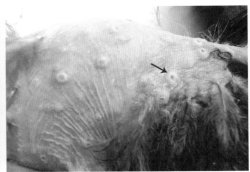

图 1-147　皮肤局部有大量粉红色痘状凸起

3. 病理变化

局部出现痘状红色病灶（即周围隆起，中间凹陷的脐状病灶），病灶中央可见一小红点（图 1-148），周围有炎症增生。

4. 诊断

根据流行病学、临床症状、病理变化可做出初步诊断。在临床上，此病还需与鸡痘、皮肤型鸡马立克病进行鉴别诊断。此病的确诊可用小镊子取出病灶中央组织，在显微镜下进一步观察，检出有 3 对足的奇棒恙螨幼虫即可诊断（图 1-149）。

5. 防治措施

（1）预防：避免鸡群在潮湿的野外草地上放牧。

（2）治疗：此病的治疗包括局部治疗和全身治疗。局部治疗可用 70% 酒精或 2% 碘酊或 5% 硫黄软膏

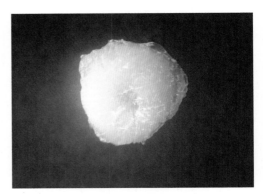

图 1-148　病灶中央有小红点

图 1-149　鸡奇棒恙螨的幼虫形态

涂擦局部，涂擦 1~2 次即可杀死病灶中的幼虫，数日后局部皮肤逐渐痊愈。如果发病数量多，可采用全身治疗，即用 0.6% 伊维菌素拌料治疗（每 1000 千克饲料添加 300 克，连喂 5 天）。此外，也可做一个硫黄沙浴池，让病鸡自由沙浴。

（十）鸡梅氏螨病

鸡梅氏螨病是由羽螨科梅氏螨属中的关节梅氏螨和肘梅氏螨寄生在鸡羽毛和皮肤上的一种寄生虫病，其中常见的为关节梅氏螨。

1. 流行病学

此病主要发生在蛋鸡和种鸡，特别是饲养条件不好的鸡场更易发生（如日照不足、饲养密度高、笼舍潮湿）。皮肤和羽毛湿度高最适合螨繁育。传播途径主要通过接触传播。一年四季均可发生，但以秋末、冬季和春初多见。

图 1-150　皮肤上有细小白色虫体在爬动

2. 临床症状

鸡群烦躁不安，皮肤瘙痒，自啄或相互啄毛的病鸡日益增多，病鸡羽毛松乱，易脱毛，鸡冠贫血苍白，产蛋率不同程度地下降。仔细查看，在皮肤上有白色细小虫体在爬动（图 1-150）。

图 1-151　鸡梅氏螨的雄虫形态

3. 病理变化

检查鸡的全身皮肤以及翅膀及背部羽毛，可见大量微小的小虫在爬动。

4. 诊断

根据流行病学、临床症状可进行初步诊断。确诊需把螨虫经 70% 酒精浸泡处理后在显微镜下进行虫体形态鉴定（图 1-151、图 1-152）。

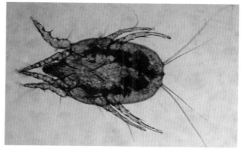

图 1-152　鸡梅氏螨的雌虫形态

5.防治措施

使用溴氢菊酯（按每升水添加 0.1~0.2 毫升）直接喷洒病鸡、鸡舍、鸡笼及饲槽等，每周 1~2 次，对平养蛋鸡要勤换垫草并烧毁带虫垫料。此外，严重感染的鸡群可配合伊维菌素预混剂拌料治疗，连喂 3~5 天，具有较好的治疗效果。

六、非生物引致的鸡病

（一）鸡一氧化碳中毒

1. 病因

在冬季育雏保温时，采用煤炭加热保温、不安装烟囱或保温室内通风不良等原因均可导致空气中的一氧化碳含量超标，从而引起雏鸡窒息和中毒死亡。一般来说，室内空气中一氧化碳的浓度达到 0.04%~0.05% 时，小鸡就有中毒危险；当空气中一氧化碳浓度达 0.2% 时，2~3 小时即可中毒死亡。

2. 临床症状

病鸡烦躁不安，嗜睡，流泪，呼吸困难，运动失调，继而站立不稳，卧于一侧，临死前出现痉挛症状，最后昏迷而死。死亡快，死亡率达 10%~70%，严重时可达 100%。

3. 病理变化

可视黏膜呈樱桃红色，脚趾和喙部呈紫红色（图 1-153），甚至黑色。血液为鲜红色（图 1-154），不易凝固。肺脏气肿，淤血或点状出血，切面可流出多量鲜红色、带泡沫的液体。其他脏器表面也有不同程度的出血。

图 1-153　脚趾呈紫红色

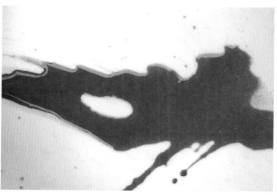

图 1-154　血液为鲜红色

4. 诊断

根据有吸入一氧化碳的历史以及血液为鲜红色、可视黏膜和脚趾为紫红色、死亡率高、死亡速度较快即可做出诊断。

5. 防治措施

（1）预防：在冬季育雏保温时，要检查保温室的取暖和排气设施是否安全，防止出现烟囱漏气、倒烟等情况，同时要保持保温室内通风良好。

（2）治疗：一旦发生中毒时，要立即打开门窗，及时通风和排除蓄积的一氧化碳气体，更换新鲜空气，同时要查明原因，及时纠正。在治疗上，可采取一般性的治疗措施，如在饮水中添加 1%~2% 葡萄糖液，以增加肝脏解毒机能。

（二）鸡维生素 E- 硒缺乏综合征

1. 病因

（1）饲料配方中缺乏维生素 E 或微量元素硒。

（2）饲料加工调制不合理或饲料霉变造成饲料中不饱和脂肪酸过多，导致维生素 E 被氧化破坏。

（3）在土壤缺硒地区放牧饲养肉鸡，也易导致缺硒的发生。

2. 临床症状

患病的公鸡丧失交配能力或降低受精率；母鸡会导致种蛋出壳率降低、胚胎死亡率偏高。

肉鸡或育雏蛋鸡临床症状的表现有以下 3 方面。

（1）脑软化症（主要由缺维生素 E 引起）：常发生于 15~30 日龄的鸡。表现站立不稳、共济失调、头后仰或身体向一侧倒（图 1-155），并有转圈运动，最后倒地衰竭而死亡。

（2）渗出性素质（由缺维生素 E 和缺硒协同作用）：常发于 15~50 日龄

图 1-155　脑神经症状

的鸡。除了有一些脑神经症状外，主要表现腹下组织水肿，严重时腹部皮下会蓄积大量液体，皮肤呈蓝黑色。

（3）肌肉营养不良：常发于 4 周龄左右鸡。表现全身衰弱，精神沉郁，生长发育迟缓，运动失调，无力站立，可造成 5%~20% 鸡死亡。

3. 病理变化

公鸡睾丸发生退行性变化，母鸡无明显的病理变化。

肉鸡或育雏蛋鸡则出现下列不同程度的病理变化：

（1）脑软化症：病理变化主要在脑部（尤其是小脑）。脑膜水肿，小脑肿胀和软化，表面可见充血和一些散在小出血点（图 1-156），脑回和脑沟闭合，严重病例可见小脑有黄绿色的混浊坏死区。

（2）渗出性素质：腹下组织水肿，有大量深蓝色液体，心包积液。

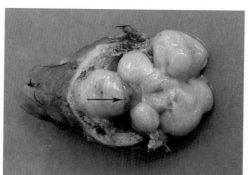

图 1-156　肉鸡小脑充血、出血病变

（3）肌肉营养不良：主要病理变化在胸肌和心肌。胸肌的肌纤维变性和凝固性坏死，结果出现灰白色条纹。心肌也出现灰白色坏死条纹。

4. 诊断

根据临床症状、病理变化以及饲料中维生素 E 和硒的含量测定进行诊断。

5. 防治措施

（1）预防：饲料中要保证维生素 E 的含量（每千克饲料中要含维生素 E 5~10 毫克）和亚硒酸钠的含量（每千克饲料要含亚硝酸钠 0.2~0.3 毫克）。对于易发生缺硒症的散养肉鸡场，可在 20~23 日龄、40~43 日龄 2 个阶段，添加亚硒酸钠溶液（1 毫克亚硒酸钠溶解于 100 毫升水中进行自由饮水）进行预防。

（2）治疗：对于患脑软化症的鸡群，主要补充维生素 E 进行治疗，以防止新的病例发生。对于已发病的病例，则治疗效果较差。可口服维生素 E 片（每只小鸡口服 2~3 毫克）或拌料（每千克饲料加维生素 E 片 30~40 毫克，一个疗程 7~10 天，恢复正常后剂量减为 5~10 毫克）。此外，还可采用肌内注射醋酸维生素E注射液（每只鸡2~5毫克）。

对于渗出性素质和肌肉营养不良症的治疗，要同时补充维生素E和亚硒酸钠。维生素E的用量参考鸡脑软化症治疗量，亚硒酸钠的用量是每升水加3~5毫克进行饮水，连用3天，停药几天后再喂2~3个疗程。在临床上也可采用亚硒酸钠－维生素E悬浊液进行饮水治疗。

（三）鸡钙磷缺乏综合征

1. 病因

饲料中钙、磷或维生素AD_3的含量不足或比例不合理造成鸡骨质钙化不全、骨骼发育不良。维生素AD_3不足会影响肠道钙的吸收。长期饲喂高磷饲料（如麸皮）也会影响钙的吸收，造成缺钙。此外，饲料中钙、铁、铝、镁离子过多，也会影响饲料中磷的吸收。

2. 临床症状

鸡发生钙磷缺乏综合征主要集中2个阶段：一个是在1月龄左右，另一个是蛋鸡开产后头2~3个月时间内。

（1）小鸡缺钙：表现两腿无力、步态不稳、生长发育缓慢、喙和爪较软、四肢长骨弯曲，同时易发生骨折现象。

（2）产蛋鸡缺钙：表现软脚，常蹲于鸡笼中，若没有及时抓出笼子易被其他鸡踩死。蛋鸡产软壳蛋和薄壳蛋，蛋壳表面粗糙。

图1-157　肋骨和肋软骨的连接处呈"念珠状"结节病变

3. 病理变化

骨骼较柔软、较脆易折断。肋骨和肋软骨的连接处显著肿大并形成圆形结节（如念珠状）（图1-157），胸骨变形为"S"状（图1-158）。

图1-158　胸骨变形呈"S"状病变

4. 诊断

根据临床症状、病理变化以及饲料成分化验可做出诊断。

5. 防治措施

（1）预防：饲料配方中要按照鸡不同阶段生长需求进行营养配方。在雏鸡和小鸡阶段，钙磷的比例为（2.2~2.5）：1，产蛋期则控制在（4~5）：1。同时根据不同钙、磷原料进行适当调整。

（2）治疗：在发病初期治疗效果较好。到了重症期，鸡胸骨和腿骨出现畸形时则治疗效果差。在生产实践中可添加骨粉（含钙24%~25%、磷11%~12%）或磷酸氢钙（含钙23.2%、磷18%）或贝壳粉（含钙38.6%）或石粉（含钙38%）等原料。其中补钙以贝壳粉或石粉为主；补磷以骨粉或磷酸氢钙为主。具体添加量参照各个阶段营养标准来定。对个别软脚病鸡可口服鱼肝油或维生素AD_3片或肌内注射维丁胶性钙进行治疗。

（四）鸡痛风

1. 病因

造成痛风的原因是多方面的，大致有如下几方面。

（1）饲料中蛋白质偏高。如饲料中动物性内脏、鱼粉、大豆等蛋白质饲料比例超过30%时，就容易发生此病。

（2）药物的滥用（如磺胺类）会造成鸡肾脏功能障碍，从而引发痛风现象。

（3）某些传染病（如鸡传染性支气管炎、鸡白痢、鸡球虫病）都会不同程度地造成痛风的发生。

（4）饲料中钼、铜含量过大，维生素A的缺乏，维生素D的缺乏，饲料中高钙低磷以及鸡群缺水、密度过大等因素也可能导致痛风的发生。

2. 临床症状

在临床上主要表现为内脏型痛风和关节型痛风。

（1）内脏型痛风：精神不振，食欲减退，逐渐消瘦，鸡冠苍白且矮小，鸡粪较稀并含有多量的尿酸盐，肛门周围羽毛沾污有石灰样的粪便。死亡快，死亡率依病情程度以及天气状况不同而异，若发生在炎热天气里则死亡率会更高。

（2）关节型痛风：四肢关节肿大，特别是跗关节和趾关节肿大较明显，软脚症状明显（图1-159）。有时还出现1~2个带有热痛的波动点，若破溃后会流出脂样物质。常表现软脚，喜卧不起，日渐消瘦，最后衰竭而死。

图1-159　软脚

3. 病理变化

（1）内脏型痛风：内脏器官如心包膜、肝脏、肠系膜、肾脏等表面散布一层白色石灰粉样物质（图1-160）。肝脏质脆、切面有白色小颗粒状物。肾脏显著肿大呈花斑状，输尿管肿大、内蓄积大量尿酸盐，有时肾脏和输尿管可形成大小不等的结石块（图1-161）。此外，还可见皮肤干燥、脱水病理变化。

（2）关节型痛风：关节肿大，切开关节可流出浓稠、白色黏稠液体（内含大量尿酸和尿酸铵形成的白色结晶）（图1-162）。有时皮下组织、关节面以及关节周围组织也能见到上

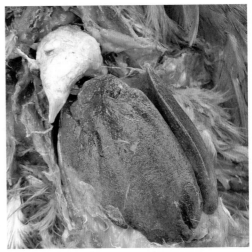

图1-160　心脏和肝脏表面有大量尿酸盐沉积

图1-161　输尿管结石

图1-162　关节内有尿酸盐沉积

述白色沉淀物。

4. 诊断

根据临床症状、病理变化可做出初步诊断。必要时抽血进行尿酸含量测定（正常为每100毫升血液中含尿酸1.5~3毫克，发病时可升高到15毫克以上）。

5. 防治措施

（1）预防：要根据鸡的不同日龄、不同生产性能合理配方饲料，控制蛋白质含量不超过20%，并调整好日粮中的钙、磷比例，适当提高饲料中多种维生素含量（特别是维生素A含量），饮水要充足，避免滥用磺胺类等对肾脏毒副作用较强的药物。

（2）治疗：在调整好饲料配方的基础上，保证充足的饮水。使用保肝通肾的药物对此病有较好的治疗效果，可明显降低死亡率。

（五）鸡脂肪肝病

1. 病因

饲料因素是此病的主要原因。长期饲喂高能量日粮，同时饲料中的胆碱、维生素E、蛋氨酸、维生素B等营养成分不足，均能导致肝脏中大量中性脂肪沉积而发病。此外，饲料中含有一些有毒物质（如黄曲霉毒素）、变质的脂肪、鸡群密度过大、活动空间小、高产母鸡雌激素水平过高等因素也会导致脂肪肝的发生。

2. 临床症状

体况良好，体重超标；群体产蛋率略有下降；喜卧，腹部大而下垂。受到不良应激时易发生猝死，死后鸡冠苍白（图1-163）；在夏天遇到热应激时，死亡率更高。

3. 病理变化

体腔内各器官均储存有大量脂肪，其中以腹下脂肪最为明显。肝脏肿大并

图1-163　鸡冠苍白

呈黄色油腻状、质脆（图 1-164），自然死亡鸡常见肝脏破裂，且在肝脏上或腹腔内可见有血凝块（图 1-165）。病理切片可见肝脏细胞周围充满脂肪滴。

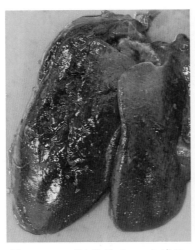 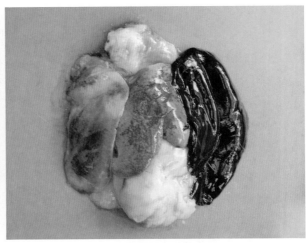

图 1-164　肝脏肿大、油腻状　　图 1-165　肝脏破裂出血

4. 诊断

根据临床症状和病理变化可做出初步诊断。必要时对血液中胆固醇、总脂、雌激素等指标进行化验，病鸡的相对指标比正常鸡均有不同程度的升高。

5. 防治措施

（1）预防：要降低日粮中能量水平，适当提高粗蛋白水平，同时要增加添加剂中多种维生素和氯化胆碱的含量，使鸡体重控制在正常范围内。此外，控制好鸡群密度、减少各种不良应激会降低此病的死亡率。

（2）治疗：除了调整饲料配方外，在饲料中可添加氯化胆碱（每 1000 千克饲料添加 1~1.5 千克）以及添加维生素 E（每 1000 千克饲料加入 10~20 克）和其他多种维生素，连用 15~20 天，之后根据鸡实际体重再定添加剂量。

（六）笼养蛋鸡疲劳综合征

1. 病因

此病在部分地区又称腺胃炎、腺胃溃疡或产蛋鸡猝死症或产蛋鸡骨质疏松症等。其发生原因与发病机理目前还不十分明了了。现在多数的学者观点认为与缺钙有关，此外，也有学者认为与天气闷热、通风不良等管理不良有关。

2. 临床症状

此病主要发生于笼养的初产母鸡（从产蛋开始到产蛋高峰期间），产蛋高峰后较少发生。表现吃料正常或略减少，部分蛋鸡产软壳蛋和薄壳蛋，个别脱肛，个别拉稀，部分蛋鸡出现软脚现象（图1-166）（主要发生在晚上到下半夜）。若不及时抓出，软脚病鸡会在第2天早上死在笼子里。产蛋率上升较慢。发病率10%~20%，死亡率1%~15%。

图1-166　蛋鸡软脚

图1-167　肝脏点状出血

3. 病理变化

骨质较疏松，用手易折断，肝脏上有个别散在出血点（图1-167）。腺胃变薄，常常出现穿孔现象（图1-168）。切开腺胃可见整个腺胃糜烂（图1-169），用刀轻轻一刮，在乳头中央可流出黑褐色的分泌物。在泄殖腔往往留宿一枚未排出的鸡蛋。个别病鸡还有卡他性肠炎病理变化。其他器官无明显病理变化。

图1-168　腺胃壁穿孔

图1-169　腺胃糜烂

4. 诊断

根据病鸡主要在晚上发生软脚、死亡，腺胃出现特征性腺胃炎或腺胃穿孔现象即可做出初步诊断。测定血液中的血钙浓度也能作为诊断此病的参考依据。正常产蛋鸡的血钙水平为每 100 毫升含 19~22 毫克，当血钙水平降到每 100 毫升含 12~15 毫克时就会经常出现瘫痪现象。

5. 防治措施

（1）预防：产蛋鸡在开产之前饲料中的壳粉或石粉添加量不能大于 2.5%~3%，开产之后随着产蛋率不断提高，逐渐增加饲料中钙磷含量，一般饲料中钙磷含量比例为（4~5）：1。当产蛋率达到 70%~80% 时，日粮中钙含量要保持在 3.75% 的水平，磷 0.8%~0.9%。同时要给予充足的多种维生素和微量元素。

（2）治疗：个别软脚蛋鸡要及时挑出并放在地上平养，同时结合肌内注射维丁胶性钙和硫酸庆大霉素进行治疗。对于整群病鸡一方面通过可调整饲料配方，按比例添加相应的壳粉和磷酸氢钙以及多种维生素；另一方面可适当添加抗生素（如阿莫西林，每 1000 千克饲料添加 200 克）控制胃炎和肠炎的发生。同时，要加强饲养管理（如加强光照、加强饲料营养水平等），使产蛋率能够尽快地升到高峰，缩短发病持续时间。产蛋率升到 80% 以后，此病的发病率就大大降低了。

（七）鸡啄癖症

1. 病因

鸡啄癖症又称异食癖，原因很复杂，主要与多种营养物质不足、饲养管理不善以及某些疾病诱发有关。主要有如下几个类型。

（1）啄肛癖：主要由于日粮中蛋白质不足或氨基酸不平衡、矿物质缺乏、饲料中能量偏高、粗纤维含量偏低、饲养密度过大、雏鸡发生鸡白痢、肛门有外伤等原因，均可引起啄肛癖。

（2）食羽癖：主要由于日粮中缺乏含硫氨基酸（如蛋氨酸）、矿物质（特别是硫化物）、食盐、多种维生素以及鸡皮肤或羽毛上有螨虫或羽虱等寄生虫。此外，雏鸡阶段没有做好断喙工作，也可导致食羽癖。

（3）啄趾癖：缺乏营养（如食盐）、鸡舍内光线太强、鸡饥饿、脚趾外伤等因素均可引起啄趾癖。

（4）食蛋癖：主要由饲料中缺乏钙、磷、蛋白质、维生素 AD3 以及产软壳蛋、薄壳蛋较多等原因引起，此外产蛋箱不足也常会导致食蛋癖。

2. 临床症状及病理变化

（1）啄肛癖：在普通鸡群中，有许多小鸡追逐其中一只小鸡，大家争啄它的肛门，造成外伤出血（图 1-170），严重时直肠被啄出而发生死亡。在产蛋鸡群中，同笼的其他蛋鸡去啄其中一只母鸡的肛门，造成直肠脱或整个泄殖腔出血发炎。

图 1-170　啄肛症状

（2）食羽癖：多发于 1~2 月龄的肉鸡或蛋鸡的盛产期和换羽期。鸡之间相互啄食羽毛导致部分鸡身上的羽毛被啄光（图 1-171），从而影响肉鸡的生长发育和蛋鸡生产。

（3）啄趾癖：小鸡比较容易发生，表现鸡只互相啄食脚趾，造成局部损伤和发炎。

（4）食蛋癖：常见于产蛋鸡的高产期间，特别是平养蛋鸡多见，笼养蛋鸡相对较少。

图 1-171　啄羽症状

3. 防治措施

（1）预防：加强饲养管理是预防此病的关键。首先在饲料上要严格按照各阶段营养需求进行配方，特别注意饲料中的矿物质、食盐、多种维生素、蛋氨酸的含量合理搭配。管理上，10 日龄左右要及时地进行断喙，同时降低饲养密度，保证有宽敞的活动场所。若发现鸡身上有体外寄生虫时要及时采用溴氢菊酯等体外驱虫药进行杀虫处理。

（2）治疗：针对日龄较小的肉鸡发生啄癖时要及时地进行断喙，另一方面在饲料中可添加 1.5%~2% 石膏粉，连用 7 天；或添加 2% 的食盐，连用 3~4 天（但不能长期喂，否则易导致食盐中毒现象）。此外在饲料中多添加一些蛋白质、蛋氨酸以及多种维生素对啄癖也有一定的辅助治疗效果。对于啄癖症造成外伤的鸡要及时挑出，并用甲紫涂擦患处。对于有啄癖表现的大鸡要及时地给予隔离饲养，并及时调整饲料配方。

（八）鸡中暑

1. 病因

鸡的皮肤缺乏汗腺，散热主要依靠张口呼吸或把翅膀张开下垂来完成的。所以鸡群在气温高（室温35℃以上）、湿度大的闷热潮湿环境中以及鸡群密度过大、通风不良、饮水供应不足、鸡只肥胖等因素都易导致此病发生。此外，某些用药不当（如夏天使用尼卡巴嗪抗球虫药）也会导致鸡中暑。

2. 临床症状

此病多呈急性经过。主要表现呼吸快，张口伸颈，翅膀张开下垂，饮水量增加，体温升高，进而出现呼吸困难，步态摇晃，不能站立，痉挛倒地，最后昏迷而死亡。此病可导致鸡群在短时间内出现大量鸡只死亡。舍饲肉鸡或蛋鸡多发生在中午至傍晚5~6点；长途贩运鸡见于在夏季白天运输且通风、遮阴没有做好的时候。

3. 病理变化

尸僵缓慢，血液凝固不良，全身静脉淤血，胸肌苍白（似煮熟样）（图1-172），心冠脂肪和心外膜有点状出血，腹腔脂肪也有大量点状出血（图1-173）。刚死亡的鸡腹腔温度很高。

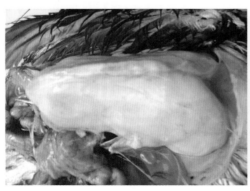

图1-172　肌肉苍白　　　　　图1-173　脂肪出血

4. 诊断

根据临床症状和病理变化，特别是死亡快和腹腔脂肪出血可做出初步诊断。

5. 防治措施

（1）预防：夏秋季节要做好鸡舍的防暑降温工作，包括喷水、通风换气、饮水供给充足、减少饲养密度等工作。可在饲料或饮水中添加碳酸氢钠（每1000千克饲料添加2千克）或维生素C（每1000千克水添加200克）进行药物保健。同时在饲料中要适当加大多种维生素的使用剂量（特别是维生素E和维生素C）。

（2）治疗：一旦发生中暑临床症状时要立即将病鸡转移至阴凉通风处，并给予凉水冲洗或灌服。在大型鸡场发生鸡中暑时要立即采取降温措施（包括洒水、通风、遮阴等）。同时在饮水中按比例添加电解多种维生素或维生素C粉等药物进行治疗。

（九）鸡感冒

1. 病因

各种日龄的鸡均会发生感冒，其中以雏鸡较常见。常见的原因有育雏室温差大、鸡群突然受冷空气应激、长途运输鸡苗时遇到"贼风"、野外放牧突然遇到雨淋、夏季炎热天气进行不恰当的冲冷水降温等，均可造成鸡出现感冒现象。若育雏舍内或鸡舍内的空气质量差（如氨气重）也会加重感冒病情。

2. 临床症状

病鸡精神沉郁，体温升高，食欲减退，行动迟缓，呼吸急促。鼻流水样或黏稠的鼻液，打喷嚏，咳嗽明显。严重时可见眼结膜潮红，流眼泪。有时可听到啰音。后期会发展为支气管炎或肺炎。

3. 病理变化

鼻腔、咽喉以及气管均存在不同程度的黏液（图1-174）。病程稍长

图1-174　咽喉部有大量黏液

的病鸡可见支气管内有白色干酪物阻塞物，气管和支气管充血、出血。严重的可见肺脏充血、出血以及肺脏坏死。

4. 诊断

根据临床症状和病理变化以及对照鸡场饲养环境可做出初步诊断。在临床上此病要与鸡传染性支气管炎、鸡传染性喉气管炎、鸡支原体病以及 H_9 亚型禽流感等疾病进行鉴别诊断。

5. 防治措施

（1）预防：育雏舍保温时，既要做到日夜温差相对稳定，又要做到通风换气。在野外放牧时要防止被雨淋。平时饲养管理中要注意环境温度的变化，遇到冷空气来临时要做好鸡舍的保温工作；在夏天进行防暑降温时要采用喷雾降温或湿帘降温，不要采用冷水直接喷淋在鸡身上。

（2）治疗：治疗感冒的药物很多，可选用红霉素、恩诺沙星、阿莫西林、强力霉素等药物进行治疗，连用 3 天。临床症状严重时可配合一些降体温药（如安乃近片）或化痰药（如氯化铵）或平喘药（如麻黄碱等）。经治疗仍无效果时，要请兽医进行诊断是否有其他传染病并发感染。个别病鸡可肌内注射盐酸林可霉素、盐酸大观霉素针剂。

（十）鸡肠毒综合征

1. 病因

此病是由多种原因导致鸡出现肠炎病症的总称，饲料搭配不合理、饲料原料发霉变质、鸡舍环境卫生不好、饮用水不清洁以及药物使用不当或天气突变等原因均可造成此病发生。此外，某些疾病（如鸡球虫病、大肠杆菌病、沙门菌病）混合感染也会加剧此病的病情。

2. 临床症状

精神委顿、食欲不振或废绝、口渴饮水增加。腹泻下痢明显，病初排白色稀粪，后为绿色带黏液或带血的红褐色稀粪。肝脏门周围羽毛被粪便污染成为白色、红褐色。后期多因失水过多造成衰竭而死亡。

3. 病理变化

小肠肿大明显（图1-175），肠内充满气体或黄白色内容物，肠黏膜充血、出血明显。严重时在肠黏膜可见坏死灶或坏死性伪膜。有时还可见腺胃充血、出血以及肌胃角质层脱落。

4. 诊断

从此病的临床症状及病理变化可做出初步诊断。在临床上此病还必须与细菌性或病毒性传染病导致的肠炎进行鉴别诊断。

图1-175　小肠炎症肿大

5. 防治措施

（1）预防：提高饲养管理水平，优化饲料配方，避免饲喂变质霉变的饲料，平时要注意饮用水卫生和环境卫生。不能盲目滥用广谱抗生素，以免造成正常肠道微生物菌群的平衡失调和紊乱引发此病的发生。

（2）治疗：此病的治疗药物很多，可选用下列药物进行治疗。如氟苯尼考、硫酸新霉素、硫酸安普霉素、硫酸庆大霉素、硫酸黏菌霉素、二甲氧苄氨嘧啶、乙酰甲喹等。拉稀严重时可配合使用肠道收敛药（如药用炭或鞣酸蛋白等）或补液盐进行治疗，可提高此病的治疗效果。

下 篇
鸭病速诊快治

一、鸭病综合防治与鉴别诊断

鸭病防治的一般性原则同鸡病防治原则一样，也是采取"以防为主、防重于治"的基本方针。特别强调做好鸭主要传染病的免疫接种、疫苗的免疫抗体监测以及药物保健工作。

根据鸭病特征性症状和病理变化做出准确诊断，是做好鸭病防治的基础，也是有效控制鸭病流行的根本保证。

（一）鸭疫苗免疫程序及其免疫抗体监测

在不同气候条件、不同地域、不同品种鸭，其疫苗免疫程序有所不同，下面介绍1套番鸭、半番鸭、蛋鸭和种鸭的疫苗免疫程序，仅供参考。

1. 番鸭疫苗免疫程序（表2-1）

表 2-1　番鸭疫苗免疫程序

日龄	疫苗名称	剂量	用法	备注
1	雏番鸭细小病毒活疫苗	1 ~ 2 羽份	肌内注射	
1	番鸭呼肠孤病毒病活疫苗	1 ~ 2 羽份	肌内注射	
2	鸭病毒性肝炎高免卵黄抗体	0.5 ~ 0.8 毫升	肌内注射	选择使用
5	H_5 亚型禽流感灭活疫苗	0.5 毫升	肌内注射	
7	鸭传染性浆膜炎灭活疫苗	按说明剂量	肌内注射	选择使用
12	H_5 亚型禽流感灭活疫苗	1 毫升	肌内注射	
19	H_5 亚型禽流感灭活疫苗	1 毫升	肌内注射	
25	鸭瘟活疫苗	2 羽份	肌内注射	
35	禽多杀性巴氏杆菌病活疫苗	1 羽份	肌内注射	选择使用

2. 半番鸭（骡鸭）疫苗免疫程序（表2-2）

表2-2　半番鸭（骡鸭）疫苗免疫程序

日龄	疫苗名称	剂量	用法	备注
2	鸭病毒性肝炎高免卵黄抗体	0.5～0.8毫升	肌内注射	选择使用
2	小鹅瘟高免卵黄抗体	0.5～0.6毫升	肌内注射	选择使用
5	H_5亚型禽流感灭活疫苗	0.5毫升	肌内注射	
7	鸭传染性浆膜炎灭活疫苗	按说明剂量	肌内注射	选择使用
12	H_5亚型禽流感灭活疫苗	1毫升	肌内注射	
19	H_5亚型禽流感灭活疫苗	1毫升	肌内注射	
25	鸭瘟活疫苗	2羽份	肌内注射	
35	禽多杀性巴氏杆菌病活疫苗	1羽份	肌内注射	选择使用

3. 蛋鸭疫苗免疫程序（表2-3）

表2-3　蛋鸭疫苗免疫程序

日龄	疫苗名称	剂量	用法	备注
2	鸭病毒性肝炎高免卵黄抗体	0.5～0.8毫升	肌内注射	选择使用
7	鸭传染性浆膜炎灭活疫苗	按说明剂量	肌内注射	选择使用
20	H_5亚型禽流感灭活疫苗	0.8～1毫升	肌内注射	
25	鸭瘟活疫苗	2羽份	肌内注射	
30	禽多杀性巴氏杆菌病活疫苗	1羽份	肌内注射	选择使用
35	H_5亚型禽流感灭活疫苗	1毫升	肌内注射	
100	鸭坦布苏病毒病活疫苗或灭活疫苗	1羽份	肌内注射	
115	鸭瘟活疫苗	1～2羽份	肌内注射	
120	禽多杀性巴氏杆菌病活疫苗	1羽份	肌内注射	选择使用
125	H_5亚型禽流感灭活疫苗	1.5毫升	肌内注射	

4. 种鸭疫苗免疫程序（表 2-4）

表 2-4　种鸭疫苗免疫程序

日龄	疫苗名称	剂量	用法	备注
2	鸭病毒性肝炎高免卵黄抗体	0.5～0.8毫升	肌内注射	选择使用
7	鸭传染性浆膜炎灭活疫苗	按说明剂量	肌内注射	选择使用
20	H_5亚型禽流感灭活疫苗	0.8～1毫升	肌内注射	
25	鸭瘟活疫苗	1～2羽份	肌内注射	
30	H_5亚型禽流感灭活疫苗	0.8～1毫升	肌内注射	
35	禽多杀性巴氏杆菌病活疫苗	1羽份	肌内注射	选择使用
100	鸭坦布苏病毒病活疫苗或灭活疫苗	1羽份	肌内注射	
115	鸭瘟活疫苗	2羽份	肌内注射	
120	禽多杀性巴氏杆菌病活疫苗	1羽份	肌内注射	选择使用
125	H_5亚型禽流感灭活疫苗	1.5毫升	肌内注射	
130	鸭病毒性肝炎活疫苗或灭活疫苗	按说明剂量	肌内注射	选择使用
160	鸭坦布苏病毒病活疫苗或灭活疫苗	1羽份	肌内注射	适用于种番鸭、北京鸭
180	H_5亚型禽流感灭活疫苗	1.5毫升	肌内注射	适用于种番鸭、北京鸭

5. 疫苗免疫抗体监测

疫苗免疫后是否有免疫保护作用，必须进行疫苗免疫抗体监测。目前在生产实践中比较常用的有 H_5 亚型禽流感免疫抗体的监测。据实验，禽流感疫苗免疫后 30~40 天时抗体水平最高，此时抽血比较有代表性。试验方法采用血凝抑制试验（HI），当抗体水平达 1∶64 时，鸭群有较好的免疫保护作用。所以，规模化养鸭场每年定期进行禽流感免疫抗体监测（每年 3~4 次）是非常必要的，若发现抗体水平不达标时要及时给予免疫。

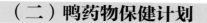

（二）鸭药物保健计划

根据鸭的不同阶段容易出现的问题选择性地给予一些药物进行预防，可大大地提高鸭的成活率、生长性能和产蛋性能。具体药物保健内容包括如下几个方面。

1. 1~3日龄鸭药物保健

在饮水中按说明用量添加多种维生素和盐酸环丙沙星（或氟苯尼考）等药物，一方面可减少鸭苗运输应激反应，提高抵抗力，另一方面对雏鸭的大肠杆菌病、沙门菌病等也有一定的防治作用，有利于提高育雏率。

2. 10~80日龄鸭药物保健

在这期间依不同的饲养条件可选择添加2~3个疗程的土霉素或强力霉素或氟苯尼考等药物（按说明使用），可预防鸭的传染性浆膜炎、大肠杆菌病、沙门菌病、禽巴氏杆菌病等细菌性疾病。

3. 产蛋期间鸭药物保健

遇到天气转变、换饲料以及其他的应激因素时，可适当地多加一些多种维生素，以保持产蛋率的稳定。在冬春寒冷季节，可酌情添加一些抗病毒中药（如清瘟败毒散、黄连解毒散等）来预防病毒性疾病。

（三）鸭病常见临床症状、病理变化鉴别诊断

1. 脑神经症状

有可能是H_5亚型禽流感、传染性浆膜炎以及某些药物中毒等疾病。

（1）H_5亚型禽流感：除表现站立不稳、向后退或向一侧歪等脑神经症状外，还有顽固性咳嗽、吃料减少、眼结膜潮红、心肌条状坏死、胰腺点状坏死等病变。

（2）鸭传染性浆膜炎：除表现站立不稳、向后倒或向一侧歪等脑神经症状外，还有软脚（单边）现象，吃料基本正常。有明显的心包炎、肝周炎、气囊炎病变。

（3）药物中毒：喂了过量或搅拌不均的地美硝唑可导致鸭出现脑神经症状（即站立不稳、往一边倒）。

2. 咳嗽症状

有可能是H_5亚型禽流感、传染性浆膜炎、大肠杆菌病、感冒等疾病。

（1）H$_5$亚型禽流感：在初期表现顽固性咳嗽，随着病情发展，可出现脑神经症状，眼结膜潮红，吃料减少，死亡率增加，同时还有心肌条状坏死、胰腺点状坏死等变。死亡率很高。

（2）鸭传染性浆膜炎：除了表现咳嗽外，还有软脚（单边），脑神经症状，有明显的心包炎、肝周炎、气囊炎病变。

（3）鸭大肠杆菌病：除了表现咳嗽外，还表现心包炎、肝周炎和气囊炎病变。肝脏颜色为淤黑色，肠管肿大特别明显，剖检内脏臭味明显。

（4）鸭感冒：天气转变后即出现咳嗽症状，此外还有流鼻水、流泪等感冒症状调整饲养管理并用一般的抗生素治疗均有比较好的效果。

3. 软脚症状

有可能是鸭传染性浆膜炎、番鸭呼肠孤病毒病、肉毒梭菌中毒、营养缺乏症，以及鸭短喙矮小综合征等疾病。

（1）鸭传染性浆膜炎：引起鸭软脚或脚痛，往往是单边脚。此外还有咳嗽、脑神经症状，心包炎、肝周炎等病症。

（2）番鸭呼肠孤病毒病：引起雏番鸭关节肿大而出现软脚，往往是双边脚，要持续 2~3 周时间。在早期还有肝脏白色坏死点，脾脏呈斑驳状等病症。在中后期还有严重的心包炎、肝周炎以及气囊炎病变。

（3）鸭肉毒梭菌中毒：除引起双脚无力外，还会导致软颈，头着地抬不起来，死亡速度快等病症。与吃到腐败的动物尸体有关。

（4）鸭营养缺乏症：吃食正常，但出现软脚症状，与饲料中钙、磷、维生素等营养成分缺乏有关。

（5）鸭短喙矮小综合征：吃食基本正常，从 10 日龄开始逐渐出现软脚、脚外岔、易骨折、喙变短、舌头变长变大。死亡率低，但淘汰率可达 20%~50%。

4. 心包炎病变

有可能与鸭传染性浆膜炎、大肠杆菌病、番鸭呼肠孤病毒病等疾病有关。

（1）鸭传染性浆膜炎：心包液混浊，此外还可见脑神经症状、软脚症状。

（2）鸭大肠杆菌病：心包膜比较厚，与心肌粘连较紧。此外肝脏肿大呈淤黑色，肠管肿大明显，死亡尸体易发臭。

（3）番鸭呼肠孤病毒病：心包膜增厚，心包腔中有大量黄白色干酪样渗出物。

此外，还有肝脏表面出现白色坏死点和关节肿大等病症。

5. 鸭产蛋异常或产蛋率下降症状

有可能是 H_5 亚型禽流感、大肠杆菌病、黄病毒病、饲养管理不良（如营养缺乏、天气应激、打针应激、鼠害）等原因。

（1）H_5 亚型禽流感：有不同程度的咳嗽、采食量下降、拉稀，以及产蛋率下降、蛋壳质量改变等临床症状。此外，还有部分胰腺坏死、卵巢变性、输卵管炎症水肿等病变。

（2）鸭大肠杆菌病：有明显的卵黄性腹膜炎、输卵管炎、脱肛及零星死亡等病症。产蛋率略下降，蛋壳质量也不同程度下降。用一般广谱的抗生素治疗有效果。

（3）鸭黄病毒病：采食量下降，产蛋率下降明显，个别有软脚和脑神经症状，但死亡率不高。剖检以卵巢变性为主。

（4）饲养管理不良因素：出现产蛋率下降和蛋壳质量改变。找出病因并采取相对应的措施，产蛋率和蛋壳质量就会逐渐恢复正常。

二、病毒性疾病

（一）鸭瘟

此病是由鸭瘟病毒引起的一种急性、热性、高度致死性的传染病，又称鸭病毒性肠炎或大头瘟。除鸭外，鹅也可被感染而发病。

1. 流行病学

各品种鸭、不同日龄鸭均可感染此病，但 10~20 日龄以内的雏鸭由于有母源抗体保护而较少发病。一年四季均可发生。传染途径为接触性传播（包括流动水源、运输工具以及装鸭袋子等）。此病易通过水流形成地方流行性。

2. 临床症状

病鸭流泪、眼四周湿润（图 2-1），严重的可出现上下眼睑粘连。部分病鸭出现头部皮下水肿形成"大头瘟"。精神沉郁、食欲减少或废食，大多数病鸭表现严重下痢，拉绿色粪便，倒提病鸭时可从口腔流出污褐色液体。发病后病鸭和死鸭数逐日增加，发病率和死亡率均可高达100%。慢性病例病程持续 20~30 天。

图 2-1　流泪，眼周围潮湿

3. 病理变化

全身皮肤出血明显。口腔及食管黏膜上有灰黄色假膜覆盖（图 2-2），剥离假膜后可见食管黏膜有条状出血带或条纹状溃疡灶（图 2-3），腺胃黏膜和肌胃角质下层充血或出血。小肠淋巴环肿大出血明显（图 2-4），肠道浆膜和黏膜（特别是十二指肠、

图 2-2　食管黏膜有灰黄色假膜覆盖

盲肠和直肠）出血严重（图2-5）。有时在泄殖腔黏膜上可见到黄色假膜和出血斑。卵黄蒂出血（图2-6）。肝脏表面（特别是肝脏边缘）有大小不等的灰黄色坏死斑，有时也有点状出血（图2-7）。产蛋鸭卵巢变性（图2-8），其中食管、十二指肠、泄殖腔以及肝脏病理变化具有特征性。

图2-3　食管黏膜出血

图2-4　小肠淋巴环肿大、出血

图2-5　直肠出血严重

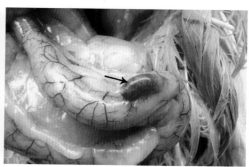

图2-6　卵黄蒂出血

图2-7　肝脏出血、坏死

图2-8　卵黄变性

4. 诊断

根据特征性症状和病理变化可做出初步诊断。必要时可进行病毒分离鉴定、酶联免疫吸附试验、聚合酶链反应试验等方法确诊。在临床上，此病要与鸭巴氏杆菌病、鸭坏死性肠炎、H_5 亚型禽流感以及鸭维生素 A 缺乏症等进行鉴别诊断。

5. 防治措施

（1）预防：除了加强饲养管理和消毒外，主要依靠疫苗免疫接种。在非疫区，一般于 20~25 日龄免疫一次，种鸭和蛋鸭于开产前一周再免疫一次。在疫区首免要提前到 7 日龄，二免安排在 25 日龄左右，种鸭和蛋鸭于开产前再免疫一次，必要时产蛋 5~6 个月后还需再免疫一次，免疫的剂量要逐次增加。

（2）发病时处理：一旦发生此病，首先要采取严格封锁、隔离消毒措施，继而要对所有假定健康的鸭采用大剂量的鸭瘟活疫苗紧急免疫接种（一般为 5~8 倍量），注射疫苗后要经 10 天才能控制病情。在紧急免疫过后 10 天内很有可能会出现发病率和死亡率剧增的现象。对发病鸭和死亡鸭要进行深埋或焚烧等无害化处理，防止病情扩散和传播，也要禁止病鸭外调和野外放牧，并对鸭场的粪便、羽毛、污水等要进行彻底消毒或焚烧处理。在临床上对鸭瘟病例采用药物治疗或高免血清治疗基本上无价值。

（二）鸭 H_5 亚型禽流感

此病是由 H_5 亚型禽流感病毒导致鸭（其他禽类也能感染）发生高致病性、高死亡率的一种烈性传染病。该病在我国被列为畜禽一类传染病。

1. 流行病学

各种禽类对 H_5 亚型禽流感均易感。在鸭品种中以番鸭最易感，其次为半番鸭和产蛋麻鸭以及其他品种鸭。各种日龄鸭对此病均易感，但临床上 10 日龄以内的雏鸭较少见。一年四季均可发生，以冬春寒冷季节以及气候骤变时节较为多发。此病的传播途径可通过接触性传播、空气传播以及候鸟、运输工具等间接传播。在养殖密集地区此病可形成地方流行性。

2. 临床症状

不同品种的鸭其表现症状有所不同，在此着重介绍肉鸭和蛋鸭的临床症状。

（1）肉鸭：初期表现为顽固性咳嗽，张口呼吸，用很多药物治疗都无明显效果。继而出现吃料减少或废绝，会喝水，精神委顿，个别出现脑神经症状（即头后仰、站立不稳，甚至仰翻在地，有时扭颈为"S"状或横冲直撞）（图2-9）。眼结膜潮红，个别眼球混浊（图2-10），甚至失明。拉黄绿色稀粪（图2-11），个别严重

图2-9　头后仰，站立不稳

时可见拉血便。病程可持续7~10天，其中以发病后3~5天病情最严重，死亡率也最高。发病率达100%，死亡率达50%~100%，病程持续20~30天。

图2-10　眼球混浊

图2-11　拉黄绿色稀粪

（2）蛋鸭和种鸭：没产蛋之前的后备蛋鸭和后备种鸭，其发生 H_5 亚型禽流感的临床症状与肉鸭基本相同。产蛋后的临床症状与前者有很大差别。主要表现饲料采食量突然减少或略减少，有少量咳嗽症状，拉黄白色稀粪，有时会带些黏液性粪便。产软壳蛋、薄壳蛋、粗壳蛋以及畸形蛋偏多（图2-12），产蛋率有不同程度

粗壳蛋　　正常蛋

图2-12　产蛋异常

的下降（若是急性病例，则表现产蛋率急剧下降；若是慢性病例，则产蛋率逐渐下降）。脱肛的病鸭数量不断增加，每天都有一些病鸭和死鸭出现。种鸭还会导致受精率、出雏率明显下降，弱雏数明显增加。群体发病率高，但死亡率相对不高。急性病例的病程可持续 7~10 天，产蛋率可从 95% 下降到 10%~20%；慢性病例病程可持续 1~2 个月，产蛋率逐渐下降到 40%~50%。

3. 病理变化

（1）肉鸭：头部略肿大，皮下水肿。个别眼结膜潮红，眼角膜出现混浊现象，喙部发紫，羽毛管发黑，脚皮肤出血呈红紫色（图 2-13）。喉头黏液较多，气管和支气管中有干酪样物阻塞。肺脏充血、出血，有些病例出现肺脏水肿（图 2-14）。心脏肿大、心包液较多，心肌白色条状坏死（图 2-15）。腺胃内充满脓性分泌物。胰腺充血、出血、上面有白

图 2-13　脚皮肤出血

色坏死点，严重的可见胰腺出现有液化坏死灶。肝脏肿大，其表面有时出现点状出血或极小的白色坏死点（图 2-16）。脾脏略肿大呈斑驳状。肠道呈卡他性炎症，肠壁上的淋巴环肿大，个别可见淋巴环出血。脑外膜充血、出血（图 2-17）。后期继发细菌性疾病时可出现心包炎、肝周炎以及气囊炎病理变化。

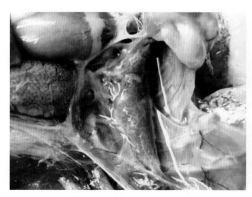

图 2-14　肺脏水肿

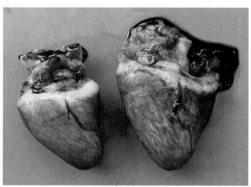

图 2-15　心肌条状坏死

肝出血灶

液化灶

图 2-16　肝脏肿大、出血，胰腺坏死、液化

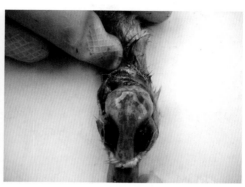

图 2-17　脑壳出血

（2）蛋鸭：后备蛋鸭的病理变化与肉鸭基本相同，但心肌条状坏死更为明显。产蛋之后的蛋鸭，急性病例可见到心肌条状坏死；肝脏肿大明显、表面出现许多小块死点；胰腺也有小坏死点；卵巢上的卵泡变性明显，一些卵泡破裂形成卵黄性腹膜炎，输卵管积液（实际是蛋清），输卵管黏膜水肿明显（图 2-18），切开输卵管可

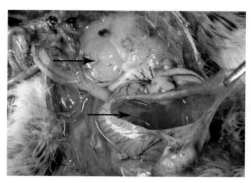

图 2-18　输卵管积液、黏膜水肿

见一些脓性分泌物或凝乳块。慢性病例很少能见到心肌坏死，但胰腺也有坏死点；卵巢上卵泡有不同程度的变性，输卵管有炎症和积液现象，多数病例可见到卵黄性腹膜炎；严重时可见整个腹腔积满变性蛋黄或腹腔出现腐烂变臭，肛门脱出并发生坏死现象。

4. 诊断

（1）临床诊断：根据流行病学、临床症状和病理变化可做出初步诊断。

（2）病毒分离：需在三级实验室中进行，具体步骤和方法参照鸡禽流感病毒分离。

（3）其他实验室诊断方法：如取病料进行 H_5 亚型禽流感病毒的聚合酶链反应试验、血清学检测（如琼脂扩散试验和血凝抑制试验）等。

（4）鉴别诊断：在临床上需与鸭传染性浆膜炎、鸭副黏病毒病、鸭黄病毒病等进行鉴别诊断。

5.防治措施

（1）预防：目前鸭的 H_5 亚型禽流感的免疫在我国属于强制免疫。具体免疫程序：5 日龄首免 H_5 亚型禽流感灭活疫苗 0.5~0.6 毫升，12 日龄二免 1 毫升，19 日龄三免 1 毫升，种鸭或蛋鸭开产之前再免疫 1.5 毫升。免疫接种后 25~30 天可抽血进行抗体检测，免疫抗体达 1：64 时，鸭群有较好的抗体保护。除做好疫苗免疫外，还要提高鸭群的饲养管理水平，加强消毒和隔离工作，养鸭场中不要混养鸡、鹅等其他家禽，尽量减少与候鸟的接触。

（2）发生 H_5 亚型禽流感疫情时处理措施：按照我国政府规定，当某个鸭场发生疑似 H_5 亚型禽流感疫情时，首先要向当地兽医行政管理部门报告，并由相应级政府做出决定，对疫点采取封锁、扑杀、消毒等处理措施。同时对疫点周围 5 公里范围内所有家禽加强 H_5 亚型禽流感疫苗的紧急免疫。

（三）鸭病毒性肝炎

此病是由鸭肝炎病毒引起鸭的一种急性高度致死性传染病。目前已报道有三个血清型，但在我国以 I 型鸭病毒性肝炎病毒为主。

1.流行病学

各品种鸭均可感染此病。发病常见于 2~20 日龄，其中 15 日龄以内雏鸭死亡率比较高，而 21 日龄以上雏鸭则零星发生或隐性带毒。一年四季均可发生。传播途径主要通过接触传播。有发生过此病的鸭场易形成疫源地。

2.临床症状

此病的病程短，发病快。起初表现精神沉郁，行动迟缓、离群，然后蹲伏或侧卧，并出现阵发性抽搐或头后仰。大部分病鸭在抽搐后数分钟至几个小时内死亡，死后大多呈角弓反张姿势（图2-19）。雏鸭在水池边饮水后更容易出

图 2-19　头后仰呈角弓反张症状

现死亡现象。发病率 10%~100%，死亡率 20%~60% 不等，个别严重的鸭群死亡率可高达 90% 左右。近年来，临床上出现胰腺型病毒性肝炎，表现症状与传统鸭病毒性肝炎类似，但发病率和死亡率相对较低，发病日龄也大些。

3. 病理变化

肝脏肿大，颜色为土黄色，表面有大小不等、程度不同的出血点和出血斑（图 2-20），胆囊肿大，心肌苍白，肾和脾脏也略有肿大和充血，其中肝脏上的出血点和出血斑具有特征性病理变化。鸭胰腺型病毒性肝炎的病理变化主要集中在胰腺，表现整个胰腺发黄，有些在肝脏上出现少量出血点（图 2-21、图 2-22）。

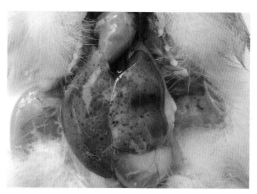

图 2-20　肝脏出血

图 2-21　胰腺发黄

图 2-22　胰腺发黄，肝脏少量出血点

4. 诊断

根据流行病学、临床症状、病理变化基本上可做出诊断，但在临床上要注意与鸭新型呼肠孤病毒病进行鉴别诊断。必要时可进行病毒分离和聚合酶链反应试验进行确诊。

5. 防治措施

（1）预防：首先要做好种鸭病毒性肝炎灭活疫苗的免疫工作，保证雏鸭具有较高的母源抗体（可保护到 10~20 日龄）。其次做好雏鸭的预防工作，包括主动免疫和被动免疫 2 种方法。其中主动免疫是对雏鸭进行肌内注射鸭病毒性肝炎活疫苗（若母源抗体水平高，则安排在 10 日龄左右免疫；若母源抗体水平低或种鸭没有进行相关疫苗免疫，则安排在 1 日龄免疫）。被动免疫预防是在雏鸭 2 日龄时肌内注射鸭病毒性肝炎高免卵黄抗体 0.5~0.8 毫升，这对不了解母源抗体情况的雏鸭有较好的预防作用，但免疫保护效果持续时间较短，一般只有 7~10 天，必要时间隔 10 天后再注射 1 次鸭病毒性肝炎的高免卵黄抗体 0.8~1 毫升。此外，加强雏鸭的饲养管理、实行网上饲养、注意环境卫生、搞好消毒等措施均对此病有一定预防作用。

（2）治疗：一旦发生此病时，要立即肌内注射 1~1.5 毫升的鸭病毒性肝炎高免卵黄抗体或血清或球蛋白，这对经典型或胰腺型病毒性肝炎病例均有较好的治疗效果。饲喂保护肝脏的药品和抗病毒中药也有一定的辅助治疗作用。此外，要注意对病死鸭的无害化处理和环境的消毒工作，以免产生疫源地，对以后每批雏鸭均可能造成感染。

（四）番鸭腺病毒病

此病是由 2 型腺病毒导致番鸭出现突然死亡、肝脏变白为特征的一种新型传染病，又称白肝病或肝白化病。

1. 流行病学

此病目前只感染番鸭。发病日龄 10~40，以 20~30 日龄多见。传染源为病鸭、带毒鸭、粪便污染物以及带毒种鸭。传染途径为接触性传播或垂直传播。一年四季均可发生，以春秋两季多见。发病率和死亡率高低，与是否存在继发感染以及鸭场饲养管理水平密切相关。

2. 临床症状

病初期病鸭表现为精神委顿，缩头弓背，食欲减少或废绝，拉黄白色稀粪。发病后 1~2 天开始出现死亡，在第 5~10 天死亡达到高峰，而后逐渐减少，病程持续 10~15 天，总体发病率 20%~50%，日均死亡率 1%~3%，总体死亡率 10%~50%。若在发病过程中采用氟苯尼考、磺胺类、强力霉素等药物治疗，死亡率会明显增高，在发病期间注射疫苗也会导致死亡率增高。

3. 病理变化

病死鸭膘情较好，剖检可见肌肉苍白，肝脏肿大、呈黄褐色或黄白色（图2-23）、质地较脆，脾脏有不同程度的肿大，胆囊肿大，肾脏肿大、表面有不同程度的出血点或出血斑（图2-24），法氏囊萎缩变小。发病中后期，肝脏表面可见散在出血点或出血斑（图2-25），有些肝脏表面出现大小不等的坏死点或坏死斑，长骨骨髓呈黄褐色。

4. 诊断

通过流行病学、临床症状及病理变化可做出初步诊断。实验室诊断可通过聚合酶链反应试验、单克隆荧光抗体切片以及病毒分离鉴定来确诊。

5. 防治措施

（1）预防：此病是一种新型传染病，目前没有有效的疫苗可提供预防。生产实践中可通过做好种鸭净化、防止母体带毒、加强番鸭育雏阶段的饲养管理、减少不良应激等措施来减少此病发生。

（2）治疗：在临床上可采用保肝护肾和抗病毒药物进行治疗，减少发病率和死亡率。可在饮水或饲料中添加葡萄糖、多种维生素、黄芪多糖，以及黄芩、茵陈、板蓝根等中药进行治疗，不能添加强力霉素、磺胺类等药物，以免增加死亡率。

图2-23　肝脏肿大，呈黄褐色或白色

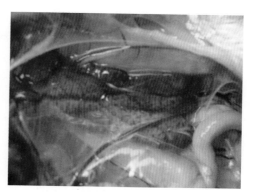

图2-24　肾脏肿大出血

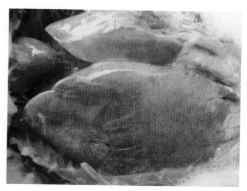

图2-25　肝脏表面有出血点或出血斑

（五）番鸭细小病毒病

此病又称"三周病"或"喘泻症"，是由番鸭细小病毒引起雏番鸭的一种急性、高度接触性传染病。

1. 流行病学

此病自然病例只发生在番鸭中。发病日龄 5~30，其中 10~21 日龄较常见。此病无明显的季节性，但寒冷季节以及温差变化大时发病率较高。

2. 临床症状

病鸭表现为精神委顿，食欲下降或废绝，双脚无力，常蹲于地，不愿走动。喙部发绀（图 2-26），喘气，张口呼吸明显（图 2-27），拉稀，排出灰白色或黄绿色稀粪，并常附于肛门周围。有些病例在死亡之前还表现神经症状。发病率 20%~65%，死亡率 20%~65%，发病日龄越大，死亡率越低。

图 2-26　喙部发绀

图 2-27　张口呼吸

3. 病理变化

胰腺表面有坏死（图 2-28）和出血，肠道卡他性炎症（图 2-29），肠道黏膜有不同程度的充血和出血，特别是十二指肠和直肠后段尤为明显（图 2-30）。有时小肠内容物也可见到干酪样栓塞物。胆囊略肿大，肾脏有尿酸盐沉积并呈斑驳状。

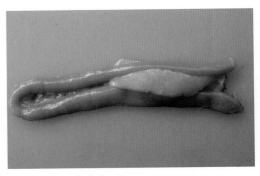

图 2-28　胰腺坏死

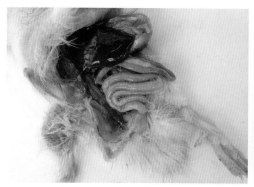

图 2-29　肠道卡他性肠炎

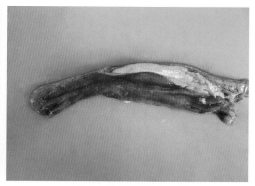

图 2-30　十二指肠出血病变

4. 诊断

从流行病学、临床症状以及病理变化可做出初步诊断。必要时取病料（肝脏、脾脏、肾脏）进行病毒分离鉴定和聚合酶链反应试验诊断，也可取病变组织进行单克隆荧光抗体切片进行诊断。在临床上要注意与番鸭小鹅瘟病毒病进行鉴别诊断。

5. 防治措施

（1）预防：对刚出壳的 1 日龄雏番鸭注射番鸭细小病毒病活疫苗，这是预防此病的主要措施。若雏番鸭的母源抗体水平高，可推迟到 7 日龄免疫。此外，对免疫状况不清楚或免疫效果不确实的雏番鸭，可安排在 7~10 日龄注射番鸭细小病毒高免血清或高免卵黄抗体 0.8~1 毫升，对预防此病也有一定效果。同时要加强饲养管理，搞好环境卫生以及做好种鸭的免疫和净化工作。

（2）治疗：发生此病时，病鸭肌内注射 1~1.5 毫升番鸭细小病毒高免血清或高免卵黄抗体，每天 1 次，连打 2~3 针有较好效果。同时配合肠道广谱抗生素（如硫酸庆大霉素）或抗病毒中药（如双黄连）等进行拌料或饮水，提高此病的治疗效果。

（六）番鸭小鹅瘟病毒病

此病是由小鹅瘟病毒导致雏番鸭发生以拉稀以及小肠形成肠栓塞为特征的一种传染病。

1. 流行病学

在自然条件下雏番鸭和雏鹅都会发生此病。发病常见于5~25日龄，日龄越大易感性越低，1月龄以上的番鸭也偶尔发病。此病无明显的季节性，但以冬季和早春多发。

2. 临床症状

病鸭精神委顿（图2-31），吃料减少或厌食，水样拉稀，粪便为黄白色或淡黄绿色，最后衰竭而死亡。无张口呼吸等呼吸道症状。发病日龄要比番鸭细小病毒病略早些。发病后死亡率可达70%~90%。病程持续7~10天以上。

图2-31　精神委顿

3. 病理变化

小肠肿胀（图2-32），十二指肠黏膜出血明显。在小肠和盲肠内可见肠黏膜脱落凝固，并形成特征性的肠栓塞（如香肠样）把整个肠道阻塞住（图2-33），在发病初期肠栓塞不明显。有些病例可见腺胃和肌胃出血、两者交界处有糜烂溃疡。

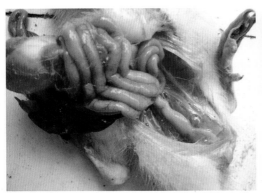

图2-32　小肠肿胀

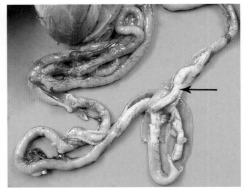

图2-33　小肠内形成香肠样阻塞物

4. 诊断

结合流行病学、临床症状以及特征性病理变化可做出初步诊断。必要时可取病死鸭的肝脏、脾脏、肾脏进行病毒分离鉴定、聚合酶链反应试验以及单克隆荧光抗体切片进行确诊。在临床上此病要注意与番鸭细小病毒病进行鉴别诊断，同时要注意存在这两种病混合感染的可能。

5. 防治措施

（1）预防：对1~2日龄的雏番鸭注射小鹅瘟病毒病活疫苗进行预防免疫接种。若雏番鸭的母源抗体较高，免疫注射时间可推迟到6~9日龄。在不知是否存在有母源抗体的情况下，可于10日龄左右注射小鹅瘟高免血清或高免卵黄抗体进行预防。此外，加强雏番鸭早期的饲养管理对预防此病也有一定作用。

（2）治疗：发生此病时，要尽快把病鸭和假定健康鸭分开饲养，并及时注射小鹅瘟病毒高免血清或高免卵黄抗体（每羽注射1~1.5毫升，连用2~3天）。同时配合肠道广谱抗生素（如硫酸庆大霉素）或抗病毒中药（如双黄连等）进行拌料或饮水，以提高此病的治疗效果。

（七）鸭短喙矮小综合征

此病是由新型小鹅瘟病毒（短喙型鹅细小病毒）导致鸭出现以软脚、短嘴、生长障碍为特征的一种新型传染病，又称短喙病、玻璃鸭、长舌病、大舌病等。

1. 流行病学

此病可感染番鸭、半番鸭、樱桃谷鸭、北京鸭、麻鸭等，10~40日龄均可发病。此病的发病率和致死率与日龄密切相关，日龄越小，其发病率和死亡率越高。日龄超过25天后，很少死亡，但出现较多的短嘴和矮小病例。此病无明显季节性，传播途径可通过垂直传播和水平传播。

2. 临床症状

病初无明显的症状表现。随着病情发展，病鸭表现精神委顿，站立不稳，行走时双脚向外岔开（图2-34），呈八字脚或弓腰走路，走几步后身体趴下，有的出现严重跛行、瘫痪或脚后伸（单脚或双脚）（图2-35、图2-36）。后期表现消瘦，均匀度差，僵鸭多，骨骼变脆易折，共济失调，喙变短，舌头外伸（图2-37）。发病率10%~50%，死亡率2%~10%。总体发育不良鸭较多。

图 2-34 双脚向外岔开

图 2-35 单脚后伸

图 2-36 双脚瘫痪

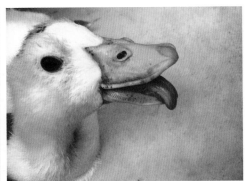

图 2-37 喙变短，舌头外伸

3. 病理变化

舌头外伸、肿胀，舌部肌肉钙化增生，全身骨质疏松易碎。胸腺出血，肝脏萎缩。其他内脏器官无明显病变。

4. 诊断

通过此病的流行病学、临床症状以及病理变化可做出初步诊断。实验室诊断可采用聚合酶链反应试验、血清学调查、单克隆荧光抗体切片诊断确诊。此外，在临床上要与鸭钙磷缺乏症进行鉴别诊断。

5. 防治措施

（1）预防：种鸭开产前免疫接种新型小鹅瘟病毒病灭活疫苗 0.5~1 毫升，对预防小鸭发生该病有较好的效果。出壳后 3~5 天内的雏鸭，肌内注射新型小鹅瘟病毒的高免卵黄抗体0.5~1毫升，也有很好的预防效果。另外，要提倡网上饲养，加强鸭舍的卫生消毒工作对预防此病也有一定作用。

（2）治疗：发生此病时及时肌内注射新型小鹅瘟病毒的高免卵黄抗体1~1.5毫升，这对未出现临床症状的假定健康鸭有预防效果，但对已出现症状的病鸭治疗效果较差。

（八）番鸭呼肠孤病毒病

此病又称"番鸭肝白点病"或"花肝病"，是由番鸭呼肠孤病毒引起雏番鸭的一种急性、接触性传染病。此病属于免疫抑制性疾病。

1. 流行病学

在自然条件下，此病只感染雏番鸭，通过人工接种也可导致雏鹅发病。与鸡呼肠孤病毒同源性较低。发病于4~50日龄，其中7~30日龄为多见。日龄越小发病程度越严重。一年四季均可发病，但育雏室的温差大易诱发此病的发生，打针应激也可诱发此病。此病以种鸭垂直传播为主，也可通过水平接触传播。

2. 临床症状

病期病鸭精神委顿、食欲减少或废绝，喙部着地，拉黄白色稀粪，死亡快。3~5天后发病率和死亡率逐渐增加，同时越来越多病鸭出现关节肿大、软脚（图2-38），部分病鸭出现咳嗽症状，个体发育参差不齐。到25~30日龄后死亡率逐渐减少，但软脚的数量可增加到50%~80%。在寒冷天气里，软脚的病鸭易被打堆压死。耐过病鸭生长速度缓慢

图2-38　软脚

而成僵鸭。康复后鸭群出现大小参差不齐。病程较长，可持续15~30天，发病率20%~90%，死亡率25%~80%。

3. 病理变化

不同发病阶段的病理变化有所不同。第一阶段：刚开始发病的3~5天内主要

是肝脏肿大，表面有许多细小的灰白色坏死点（图2-39），脾脏也有肿大坏死，呈斑驳状，肾脏肿大。第二阶段：发病4~5天后，出现严重心包炎，心包腔内有大量纤维素性干酪样渗出物，心包膜与心脏粘连（图2-40）。此外，肝周炎和气囊炎的病变也非常明显。此时通过镜检，小部分病变心脏可镜检到鸭疫里默杆菌或大肠杆菌，而大部分病变心脏检不出任何细菌。第三阶段：发病7~8天后，跗关节出现红肿（图2-41），切开关节可见上部腓肠肌腱水肿、关节液增多，病程长的会出现关节硬化或纤维化，有时在关节腔内还会出现干酪样渗出物。

图2-39　肝脏白色坏死点

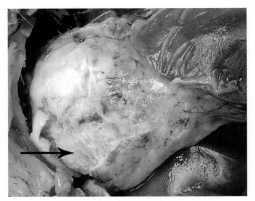

图2-40　心包膜与心脏粘连

4. 诊断

根据流行病学、临床症状以及病理变化可做出初步诊断。必要时进行病毒分离、聚合酶链反应试验来确诊。在临床上要注意与禽巴氏杆菌病、鸭沙门菌病以及鸭传染性浆膜炎、鸭大肠杆菌病进行鉴别诊断。

5. 防治措施

（1）预防：第一，做好种鸭的净化工作，预防此病通过种蛋垂直传播。凡是患有番鸭呼肠孤病毒病的鸭群不能留做种用。同时要加强种鸭场和孵化场所、孵化器以及种蛋的消毒工作。

图2-41　跗关节红肿

第二，雏番鸭出壳后第1天采用番鸭呼肠孤病毒病活疫苗进行免疫接种，有较好的免疫保护作用。第三，加强雏番鸭的饲养管理工作，尤其是做好育雏室的保温工作，这是预防此病的主要措施之一。在育雏早期间要尽量减少打针刺激，并做好饮水、投料、通风等管理工作。

（2）治疗：要根据此病的不同阶段，采取不同的治疗发案。在第一阶段（即刚发病头 4~5 天），应采取抗病毒、提高机体免疫力以及隔离淘汰病鸭为主要措施。具体来说，在鸭群中若发现病例时，要及时地把病鸭和死鸭挑出来淘汰处理，防止此病在早期造成大面积扩散，同时在饮水中加一些黄芪多糖、抗病毒中药（如双黄连）以及一些保护肝脏药品（如多种维生素、葡萄糖等）。尽量不要使用刺激性强的药物或肌内注射灭活疫苗，否则会加剧病情。在第二阶段（即心包炎阶段）除了继续使用第一阶段用药外，还要配合使用一些广谱抗生素（如氟苯尼考、阿莫西林）治疗细菌的继发感染。在第三阶段（关节炎、软脚阶段），重点治疗关节炎和继发感染。具体来说，可肌内注射阿莫西林、地塞米松、氨基比林以及禽干扰素等药物，加快关节炎病鸭的早期康复，同时配合口服氟苯尼考、阿莫西林等抗菌药物。此外，还要加强鸭群的饲养管理，防止病鸭打堆、踩压而死，饲料中要多加一些多种维生素，以提高鸭的机体免疫力。

（九）鸭新型呼肠孤病毒病

此病是由于新型呼肠孤病毒导致番鸭、半番鸭、产蛋麻鸭等品种鸭出现以多脏器出血、坏死为特征性病变的一种新型传染病，又称鸭肝脾出血坏死症、雏番鸭新肝病、鸭肝出血坏死症、鸭多脏器出血坏死病等。

1. 流行病学

此病可导致番鸭、半番鸭、产蛋麻鸭、天府肉鸭、樱桃谷鸭等多品种鸭发病死亡。发病于 4~35 日龄，日龄越小发病越严重。发病率 20%~90%，死亡率 10%~80%。一年四季均可发生。此病可通过水平接触传播，也可通过种鸭垂直传播。打针、移群等应激可增加此病的发病率和死亡率。

2. 临床症状

病鸭精神委顿、食欲减少或废绝，喙部着地，拉黄白色稀粪，死亡快。病鸭出现在 4~35 日龄，其中发病日龄越小，死亡率越高。不良打针应激（如注射鸭病毒性肝炎卵黄抗体或禽流感灭活疫苗）均会明显增加发病率和死亡率。病程可持续5~7天。

3. 病理变化

病鸭出现多脏器的坏死和出血病变。其中肝脏出血和坏死最为明显，可见肝脏表面出现点状出血以及不规则的黄色坏死灶（图2-42），心肌出血明显（图2-43），法氏囊出血也非常明显（图2-44），脾脏出血变黑，有白色坏死点。胰腺、肾脏、肠道等脏器也有不同程度出血和坏死点。

4. 诊断

根据流行病学、临床症状以及病理变化可做出初步诊断。在临床上，此病要与鸭病毒性肝炎进行鉴别诊断。确诊需采集病死鸭的肝脏、脾脏等病料进行病毒分离以及鸭新型呼肠孤病毒S1基因的聚合酶链反应试验进行诊断。

5. 防治措施

（1）预防：一方面要做好种鸭的净化工作，杜绝有此病隐性感染的鸭做父本或母本。另一方面鉴于目前还未有相应的疫苗进行预防，可通过加强饲养管理、提高雏鸭免疫力、减少各种不良应激来预防此病的发生。

图 2-42　肝脏坏死

图 2-43　心肌出血明显

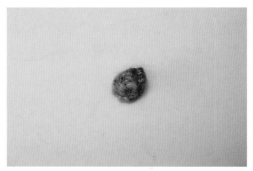

图 2-44　法氏囊出血

（2）治疗：目前尚未有特效的药物治疗此病，可以采用一些保肝和抗病毒药物进行一般性治疗。对死亡率高的鸭群可采用禽干扰素或植物血凝素进行治疗有一定效果。此外，据报道，采用鸭新型呼肠孤病毒的高免血清或相应的精制卵黄抗体治疗也有一定效果。

（十）鸭黄病毒病

鸭黄病毒病是由黄病毒科黄病毒属中的坦布苏病毒引起鸭的一种急性传染病，此病是近年在我国刚出现的一种新型鸭传染病，又称鸭出血性卵泡炎或鸭坦布苏病毒病。

1. 流行病学

鸭和鸡均易感此病，多见于产蛋期间。在后备蛋鸭也会发生。各品种产蛋鸭及种鸭均可发生。一年四季均可发病，以冬春寒冷季节以及季节转换或野外放牧遭雨淋后多发，可呈地方流行性。此病的传播途径可通过接触传播、空气传播以及虫媒传播，此外也可通过蛋筐、装鸭袋子、运输工具等间接传播。鸭群隐性感染后遭雨淋等不良应激易爆发此病。

2. 临床症状

病鸭体温升高，精神沉郁，吃料减少或废绝，咳嗽，拉白色稀粪，个别病鸭有软脚和脑神经症状（图2-45），发病速度快，发病后2~3天后鸭产蛋率迅速下降（从90%可下降到20%），发病率可达50%~100%，但死亡率不高，一般为5%~15%，病程持续7~10天。康复后的鸭群产蛋率不易恢复。

图 2-45　软脚和脑神经症状

3. 病理变化

卵巢上的卵泡膜出现不同程度的出血（图2-46、图2-47），严重时可见卵泡出现不同程度萎缩变性（图2-48、图2-49），中后期可见卵泡破裂并形成卵黄性腹膜炎。病死鸭喉头

图 2-46　卵泡大面积出血

有黏液附着，气管内有不同程度充血或出血，胰腺出现白色坏死点。急性病例可见心脏有坏死病变（图2-50）。个别有脑神经症状的病死鸭可见脑膜充血和出血病变。

图2-47　卵泡大面积出血

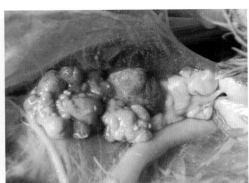

图2-48　卵巢变性

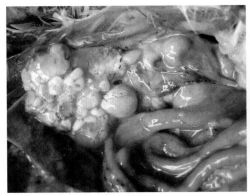

图2-49　卵泡变性严重

图2-50　心肌坏死

4. 诊断

通过病毒分离以及针对NS_5基因片段进行聚合酶链反应试验而确诊。在临床上要注意与H_5亚型禽流感、鸭减蛋综合征以及造成产蛋鸭减蛋症状的其他原因进行鉴别诊断。

5. 防治措施

（1）预防：产蛋鸭开产前肌内注射鸭坦布苏病毒病活疫苗或灭活疫苗有较

好效果。此外，鸭群还可通过科学的饲养管理，提高饲料营养水平，加强消毒隔离等措施进行预防。在此病多发季节里（冬春季节）还要做好鸭舍的保温工作。

（2）治疗：发生此病后，及时在饲料中添加一些抗病毒中药（如黄连解毒散、清瘟解毒口服液）有一定治疗效果；对个别精神委顿的病鸭，采用解热镇痛药配合阿莫西林粉针进行肌内注射有一定效果。若产蛋率下降明显，则治疗效果比较差，建议以淘汰为主。

三、细菌性疾病

（一）鸭传染性浆膜炎

　　此病是由鸭疫里默杆菌引起的一种细菌性传染病，又称鸭疫或鸭疫巴氏杆菌病。近年来，此病流行很广，几乎所有养鸭的地方都有此病的存在。目前有 20 多个血清型。

1. 流行病学

　　番鸭、半番鸭、麻鸭、北京鸭、樱桃谷鸭等品种对此病均易感。5~80 日龄鸭均可发病，其中以 10~60 日龄多见。一年四季均可发病，以气候骤变时或受到不良应激时较为多见。

2. 临床症状

　　病鸭有咳嗽、软脚、精神沉郁、头颈歪斜、步态不稳和共济失调表现（图 2-51），粪便稀薄且呈黄绿色，眼鼻的分泌物较多，同时可见眼眶四周羽毛潮湿，采食量基本正常。随着病程的发展，会出现部分病鸭死亡，也有部分病鸭会耐过转为僵鸭。在易发日龄段发病，治好后还会反复发作。发病率 20%~40%，死亡率 5%~50%。

图 2-51　脑神经和软脚症状

3. 病理变化

　　心包膜增厚（图 2-52），心包液混浊，心脏表面有明显的纤维素性物质渗出、并出现心脏与心包粘连。肝脏肿大，肝脏表面有一层纤维素性渗出物（图 2-53）。气囊混浊，有时在腹腔内会可出现黄色豆腐皮样渗出物。

图 2-52　心包膜增厚

脑外膜充血、出血（图2-54）。胃肠和肾脏无明显变化。

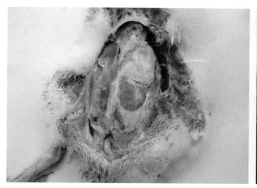

图2-53　心包炎和肝周炎病变严重　　图2-54　脑外膜充血、出血

4. 诊断

根据流行病学、临床症状及病理
变化可做出初步诊断。确诊需取病死
鸭的心包液、脑组织、肝脏组织或气
囊进行细菌涂片和细菌分离鉴定。鸭
疫里默杆菌为革兰阴性菌，短小、不
形成芽胞，单个或成双排列。经瑞氏
染色，两极浓染（图2-55）。将病料
组织接种于胰酶大豆琼脂平板（TSA）
或巧克力琼脂平板，并置于5%二氧

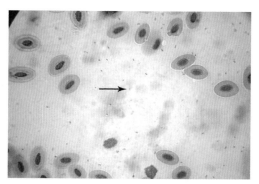

图2-55　鸭疫里默杆菌形态

化碳培养箱中37℃培养24~48小时，可见表面光滑、稍突起、直径为1~1.5毫米
圆形露珠样小菌落。

5. 防治措施

（1）预防：首先要加强饲养管理，加强环境卫生和消毒工作，尽量减少气
候骤变、打针、转变饲料配方等不良应激。有条件的鸭场应提倡网上饲养。其次，
在此病较严重的鸭场，安排在7日龄左右免疫注射鸭传染性浆膜炎灭活疫苗或鸭
传染性浆膜炎、大肠杆菌二联灭活疫苗，对预防此病有一定效果。

（2）治疗：很多抗生素对治疗此病均有效果，如头孢类、阿莫西林、氨苄西林钠、青霉素、氟苯尼考、甲砜霉素、酒石酸泰乐菌素、强力霉素、盐酸林可霉素、硫酸庆大霉素、壮观霉素以及磺胺类药物等。喹诺酮类药物对此病的治疗效果不理想。在临床上长期使用 1~2 种抗生素易导致细菌耐药性产生，有条件的地方最好结合药敏试验筛选敏感的抗生素进行治疗。若群体发病数量多、病情严重时，要采用肌内注射和口服药物相结合，才能达到理想的治疗效果。此病治疗好后一段时间，鸭群可能因气候转变、断喙、注射疫苗、换料或发生其他疾病时再度复发。所以，生产实践中最好要采取综合的防控措施来减少此病的发生。

（二）鸭大肠杆菌病

此病是由致病性大肠杆菌引起鸭的全身性感染或局部感染的一种常见细菌性传染病，在临床上有脐炎型、败血症型、腹膜炎型等多种病症。

1. 流行病学

各品种鸭均可发病，其中番鸭较易感。各日龄段鸭均可发病，其中脐炎型常见于刚出壳的雏鸭，败血症型常见于 2~7 周龄阶段鸭，腹膜炎型常见于成年产蛋鸭和种鸭。此病一年四季均可发生，但在夏天及气候转变时较多见。此病在临床上多见于水质不好或饲养环境不好的鸭场以及继发于某些病毒性疾病。

2. 临床症状

（1）脐炎型：刚出壳的雏鸭表现精神委顿，拉黄绿色大便，肚脐肿大，泄殖腔周围羽毛有粪便污染。

（2）败血症型：以 2~7 周龄阶段的鸭为主。表现精神沉郁，拉黄绿色大便，死亡速度快。

（3）腹膜炎型：以种鸭、产蛋鸭和大鸭为主。表现精神沉郁，喜卧，不愿走动，行走时腹部有明显下垂，脱肛病鸭数量明显增加，同时产蛋率不断下降，蛋壳质量也变差，并出现产薄壳蛋、畸形蛋、软壳蛋等现象。

3. 病理变化

（1）脐炎型：腹腔内的卵黄吸收不良，并出现卵黄与肠系膜粘连现象。

（2）败血症型：肝脏肿大，颜色为暗红色（图 2-56），严重时肝脏表面有白色纤维素性渗出物。心包膜增厚，心包内有干酪样渗出物；有时心包与心肌粘连。

气囊混浊，严重时在腹腔内可见干酪样渗出物。小肠肿大，充血、出血明显。死亡后尸体易腐败发臭。

（3）腹膜炎型：腹膜炎严重（图2-57），卵巢上卵泡变性，输卵管黏膜充血、出血、水肿并有干酪样凝乳块沉积。有时在腹腔中会出现蛋黄碎片样或干酪样渗出物。

图 2-56　心包炎，肝脏肿大呈暗红色　　图 2-57　卵黄性腹膜炎

4.诊断

根据流行病学、临床症状、病理变化可做出初步诊断。必要时进行细菌的镜检和分离鉴定。大肠杆菌为革兰阴性菌，两端钝圆且粗大（图2-58）。在临床上要与鸭传染性浆膜炎、番鸭呼肠孤病毒病、鸭 H_5 亚型禽流感等进行鉴别诊断。

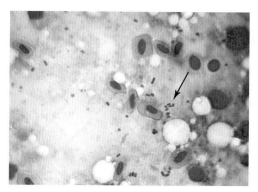

图 2-58　大肠杆菌形态

5.防治措施

（1）预防：首先要加强饲养管理，做好鸭舍的环境卫生，及时清理鸭舍内的粪便并勤换垫料，保持鸭舍干燥，定期消毒。放养的水池要保持水质流动、清洁。种鸭人工授精时，要注意器具的消毒和无菌操作。种蛋要及时收集，必要时要进行熏蒸或消毒。其次，对此病污染较严重的鸭场，可接种大肠杆菌灭活疫苗进行预防。但由于大肠杆菌的血清型众多，

在生产实践中可考虑使用本场大肠杆菌自家组织灭活疫苗或多价灭活疫苗进行免疫接种。

（2）治疗：治疗大肠杆菌病的药物很多，其中以氟苯尼考、甲砜霉素、头孢类、磺胺类、硫酸黏菌素、硫酸新霉素、喹诺酮类、硫酸新霉素、乙酰甲喹、硫酸安普霉素等药物对大肠杆菌病有较好疗效。在生产实践中可以选用几种药物交替使用或配合使用，有条件的地方要结合药敏试验，筛选出敏感药物进行治疗，以提高治疗效果。

（三）鸭沙门菌病

此病又称鸭副伤寒，是由沙门菌引起鸭的一种急性或慢性传染病。

1. 流行病学

所有鸭均可感染。1~3周龄内的雏鸭比较易感会出现大批发病死亡，而成年鸭多为隐性带菌者。此病可通过饮水、饲料、用具以及垫料等污染后进行水平传播，也可由种鸭经种蛋进行垂直传播。鸭场的卫生状况和饲养管理不良会增加此病的发病率和死亡率。

2. 临床症状

病鸭精神沉郁，食欲减退，饮水增加，拉稀，肛门口周围羽毛沾有粪便。有些病鸭会出现脑神经症状，如倒地、头后仰或间歇性痉挛，病程2~5天。发病率和死亡率都很高，严重时死亡率可达80%。在中大鸭发病时往往会出现食欲减退或废绝、拉稀等临床症状，发病率和死亡率可高达30%~50%。

3. 病理变化

主要集中在肝脏和肠道。肝脏肿大、边缘钝圆，肝脏表面色泽不均匀，有时带古铜色，其表面及实质中有大小不等的灰白色坏死灶（图2-59）。小肠黏膜水肿、局部充血，有时可见肠壁上有灰白色小坏死点。剪开肠道，可见肠黏膜坏死，并形成糠麸样病理变化（图2-60）。少数盲肠肿大，内有干酪样物质形成质地较硬的栓子。肾脏肿大，有尿酸盐沉积。气囊混浊，有时可见到卵黄吸收不良。

图 2-59　肝脏表面白色坏死点

图 2-60　肠黏膜呈糠麸样坏死

4. 诊断

根据流行病学、临床症状和病理变化可做出初步诊断。其中肝脏病变和肠道病变具有特征性。必要时进行细菌的分离和鉴定。此外在临床上此病还需与禽巴氏杆菌病、番鸭呼肠孤病毒病、鸭坏死性肠炎以及鸭盲肠杯叶吸虫病等进行鉴别诊断。

5. 防治措施

（1）预防：首先，要做好种鸭的饲养管理，及时收集种蛋和清除鸭蛋表面的各种污物，并作好种蛋的熏蒸消毒。对此病感染率较高的种鸭要及时淘汰。其次，要加强雏鸭的饲养管理和环境卫生，防止因场地或器具污染造成此病的发生。在生产实践中，采取的综合性预防措施，包括种蛋和器械的有效消毒、雏鸭和成鸭分开饲养、搞好鸭舍卫生、保持场地干燥等。

（2）治疗：鸭场一旦发生鸭沙门菌病，要及时选用喹诺酮类药物（如盐酸环丙沙星、盐酸恩诺沙星）或头孢类、磺胺类、硫酸庆大霉素、氟苯尼考、甲砜霉素等药物进行治疗。必要时可进行药敏试验，筛选出敏感药物进行治疗，以达到最佳的治疗效果。

（四）鸭巴氏杆菌病

此病是由禽多杀性巴氏杆菌引鸭（鸡等其他禽类也会发病）的一种细菌性败血症传染病，又称鸭霍乱或鸭出败。

1. 流行病学

各品种鸭均易感，其他禽类（如鸡）也易感。在临床上发病日龄以大中鸭较为多见，而20日龄以内的雏鸭较少感染。一年四季均可发生，但以夏秋季节多发。此外，气候骤变、淋雨、打针应激以及长途运输，往往会诱发此病的发生。此病的传播以接触传播为主，特别是经江河流水可形成地方流行性。

2. 临床症状

（1）最急性型：鸭群无明显临床症状，吃料也正常，在鸭舍内或水池边突然发现病死鸭。

（2）急性型：病鸭体温升高，吃料基本正常或略减少，口鼻有较多分泌物，拉黄绿色或灰白色粪便、有时带血便。死亡速度快，死后倒提鸭，可见从嘴中流出粉红色血水。产蛋鸭的产蛋率基本正常。

（3）慢性型：此型较少见，常表现慢性关节炎症状。

3. 病理变化

（1）最急性型：往往无明显的剖检病变，有时仅仅见到肠炎和心冠脂肪出血病变。

（2）急性型：皮下组织有小出血点，心冠脂肪有出血斑或出血点（图2-61），肝脏肿大，质地变脆，表面有许多分布较均匀、大小如针尖大小的灰白色坏死点（图2-62），肺脏充血、出血，脾脏肿大，有白色坏死点，十二指肠肿大出血（图2-63），切开肠管可见内容物黏稠呈糊状或胶冻样，肠黏膜出血

图2-61　心脏出血

图2-62　肝脏表面白色坏死点

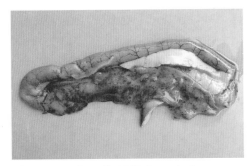

图2-63　十二指肠肿大、出血

严重，其他肠管及肠系膜也有出血病变，有时在腹下脂肪也可见到出血点。

（3）慢性型：关节肿大，关节内含粉红色炎性分泌物和干酪样物质。

4. 诊断

根据流行病学、临床症状、病理变化基本上可做出初步诊断。其中死亡快、心冠脂肪出血、肝脏表面有白色坏死点以及肠道肿大、出血具有特征性。此外，可以取病死鸭的肝脏进行细菌镜检和细菌分离培养进一步确诊。巴氏杆菌经染色后为两极浓染的革兰阴性菌，有荚膜（图2-64）。在临床上此病还需与鸭瘟、鸭沙门菌病、番鸭呼肠孤病毒病等进行鉴别诊断。

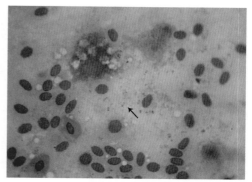

图 2-64　多杀性巴氏杆菌形态

5. 防治措施

（1）预防：第一，疫苗接种。由于此病的疫苗存在着免疫源性差、应激反应大以及免疫期短（2~3个月）等缺点，使得此病的疫苗在生产实践中免疫接种率比较低。对于有发生过此病的鸭场，建议要尽可能使用此病的疫苗（活疫苗或灭活疫苗）接种，这对降低此病的发病率有一定效果。第二，加强饲养管理。平时要做好场所的消毒工作，鸭场内不要混养其他禽类，遇到天气转变（变冷、变热）或遇到淋雨、长途运输时，及时添加多种维生素可提高抗病力。第三，药物预防。在饲养过程中或遇到不良应激时可定期地添加大蒜素或盐酸环丙沙星等广谱抗生素进行预防。

（2）治疗：对于最急性型和急性病例，要及时选用广谱抗生素进行肌内注射（如每只成年鸭要肌内注射青霉素和硫酸链霉素各5万~10万单位），1天1~2针，同时选用喹诺酮类、氟苯尼考、甲氧苄啶、磺胺对甲氧嘧啶钠、硫酸黏菌素、土霉素或阿莫西林等药物中的1~2种，进行饮水或拌料，连用3~5天。由于此病易复发，停药后2~3天需再重复用药2~3个疗程。对有条件的地方，可进行细菌的药敏试验，筛选出敏感药物进行治疗，以达到提高治愈率的目的。对病死鸭要集中进行无害化处理，不能随便乱丢弃，以免造成此病的不断扩散。在江河流域若病死鸭不及时处理，还可能形成地方性流行。凡是发生过此病的鸭场，多数都会形成此病的疫源地，治愈的病鸭还会因气候条件或饲养管理条件改变而重新发病。所以，平时要加强场所的清洁、消毒工作，定期采用敏感药物进行预防。

（五）鸭坏死性肠炎

此病又称"烂肠病"，是由多种因素共同作用造成种鸭或肉鸭肠黏膜出现坏死的一种传染病。

1. 流行病学

此病主要发生在圈养种鸭和肉鸭，特别是饲喂高能量低纤维饲料的圈养种鸭（如番鸭、北京鸭）更易发生。高能量低纤维的日粮配方会使鸭胃肠内容物消化排空比较缓慢，许多厌氧菌和兼性厌氧菌（如魏氏梭菌、某些沙门菌和大肠杆菌）以及组织滴虫等共同作用造成肠炎，严重时导致肠壁坏死。此病一年四季均可发生，以冬秋为高发季节。

2. 临床症状

病鸭精神沉郁，不爱走动，食欲减少，拉黄白色或黄绿色稀粪，死亡速度快。发病率和死亡率随不同饲养管理条件以及不同的应激环境而异。一般来说死亡率较低，但病程持续时间很长。在种鸭对产蛋率、受精率影响不大；在肉鸭可能对生长性能有所影响。

3. 病理变化

此病的主要病理变化在肠道。十二指肠肿大、黏膜出血。空肠、回肠肿胀（图2-65），外观为淡红色，严重时为灰黑色，切开肠壁可见卡他性肠炎或出血性肠炎（图2-66）。在空肠、回肠以及盲肠上覆盖一层黄色糠麸状的纤维素性渗出物，肠壁坏死（图2-67）。

图2-65　空肠、回肠肿胀

图 2-66 出血性肠炎

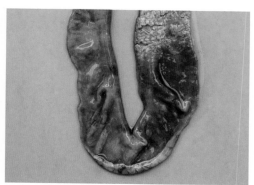

图 2-67 肠壁坏死

4. 诊断

根据临床症状、病理变化基本可做出诊断，其中肠壁上出现糠麸状渗出物和肠壁坏死为特征性病变。

5. 防治措施

（1）预防：加强饲养管理，搞好环境卫生。在饲料配方上要增加粗纤维含量，减少玉米等精料含量，可适当多喂些青绿饲料以降低此病的发病率。饲喂肠道活菌制剂对此病也有一定的预防作用。

（2）治疗：选用硫酸新霉素、磺胺间甲氧嘧啶钠、盐酸环丙沙星、阿莫西林、硫酸庆大霉素等药物进行治疗。此外，对严重的病鸭可肌内注射氟苯尼考注射液（按每千克体重30毫克），每天1针，连打2~3针。病鸭治愈后，要加强饲养管理，降低饲料能量，提高粗纤维含量；否则，一段时间后还会复发。

四、真菌性及支原体性疾病

（一）鸭曲霉菌病

此病是由曲霉菌引起鸭的一种急性或慢性呼吸道传染病。

1. 流行病学

易感动物有鸭、鸡、鹅等禽类。多发生于4~20日龄，随着日龄增加，鸭对此病的抵抗力也逐渐增强，成年鸭（特别是放牧的蛋鸭或肉鸭）也会零星发生。此病的传播途径为呼吸道和消化道，即鸭接触到被曲霉菌污染的垫料、饲料以及野外杂物而被感染。在育雏阶段，由于育雏室的空气不通风等原因也会诱发此病发生。

2. 临床症状

在雏鸭往往呈急性经过，主要表现精神沉郁，吃料减少，并出现呼吸困难、张口呼吸，有啰音、咳嗽等类似感冒临床症状，后期拉黄色稀粪，最后闭目昏睡、窒息而死亡。发病率可达100%，死亡率也可高达50%以上。在成年鸭往往呈慢性经过，死亡率较低，主要表现生长缓慢、不愿走动，并有张口呼吸、吃料减少等临床症状，最后衰竭而死亡。产蛋鸭则还表现产蛋率减少症状。

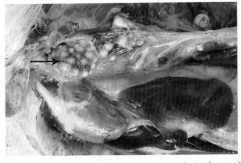

图2-68　肺脏有粟粒大小的黄白色结节

3. 病理变化

在雏鸭主要表现肺脏组织中散布有粟粒大小的黄白色结节（图2-68）。结节柔软而有弹性，切开后可见中心为干酪样坏死组织，有时在肺脏、气囊也可见灰白色结节或霉菌斑。在成年鸭主要表现胸腔、肺部以及腹腔气囊上有大小不等的霉菌斑（图2-69），严重时

图2-69　肺脏、气囊霉菌斑

还可见到霉菌丝，有些病例会出现肝脏硬化和坏死点（图2-70、图2-71）。

图2-70　肝脏肿大、硬化

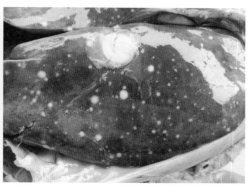

图2-71　肝脏出现坏死点

4. 诊断

根据流行病学、临床症状、病理变化可做出初步诊断。必要时取病灶进行霉菌的进一步培养和鉴定（方法同鸡的曲霉菌病）（图2-72、图2-73）。

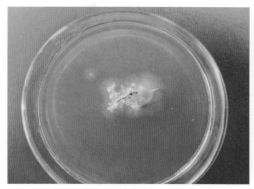

图2-72　培养后的霉菌菌落形态

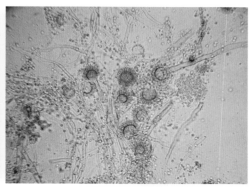

图2-73　霉菌孢子囊及孢子形态

5. 防治措施

（1）预防：平时要加强饲养管理，不使用发霉的垫料、饲料，加强育雏室的通风工作，遇到垫料潮湿时要及时更换。在野外放牧过程中，要避免到发霉的稻草堆觅食，也不要喂以劣质的稻谷、小麦、玉米等饲料。

（2）治疗：要立即清除污染源，同时喂以制霉菌素（每千克饲料中加制霉菌素150万单位，连用3~5天）或克霉唑（按每千克饲料添加0.5克）或硫酸铜溶液（每升水添加0.3克，连用3~5天）有一定效果。对严重病例治疗效果很差。

（二）鸭传染性鼻窦炎

此病是由支原体引起鸭的一种慢性呼吸道传染病。

1. 流行病学

临床上多见于鸭和鹅。以20~50日龄的雏鸭多见。一年四季均可发生。鸭群饲养管理不良、营养缺乏、环境气温骤变、鸭舍通风不良、饲养密度过大等因素均可诱发此病。此病的传播以接触传播为主，也可通过空气传播和种蛋垂直传播。

2. 临床症状

病鸭精神沉郁，张口伸颈呼吸，打喷嚏，鼻孔先流出浆液性分泌物，一段时间后流出黏性或脓性分泌物，并在鼻孔周围结痂。眼结膜潮红、增生、流泪（图2-74）。严重时可见一侧或两侧眶下窦积液、肿胀并呈球状突出双侧皮肤（图2-75、图2-76）。此病的发病率和死亡率都不高，多数会破溃后自愈。

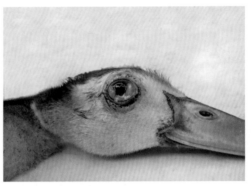

图2-74 眼结膜潮红及增生

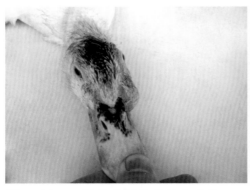

图2-75 一侧或两侧鼻窦肿大症状

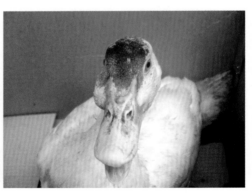

图2-76 一侧眶下窦肿胀突出皮肤

3. 病理变化

病鸭眼结膜炎，眶下窦有浆液性、黏液性或干酪样分泌物（图2-77），眶下窦黏膜出现水肿、淤血。肺脏有不同程度的充血、淤血。气囊发炎、混浊。心包炎症并有黄色分泌物附着。

图 2-77　眶下窦积有干酪样分泌物

4. 诊断

根据此病的特征性症状（一侧或二侧眶下窦肿胀）即可做出初步诊断。必要时进行病原分离、鉴定。在临床上，此病需与鸭感冒、鸭瘟、鸭台湾鸟龙线虫病进行鉴别诊断。

5. 防治措施

（1）预防：加强饲养管理，加强鸭舍的卫生清洗和消毒，实行"全进全出"的饲养模式，及时隔离治疗。

（2）治疗：对病鸭群，可选用下列药物进行治疗，如盐酸四环素、土霉素、强力霉素、盐酸林可霉素－盐酸大观霉素、硫酸新霉素、红霉素、酒石酸泰乐菌素、盐酸环丙沙星、恩诺沙星等。对个别病鸭，可选用酒石酸泰乐菌素、盐酸林可霉素－盐酸大观霉素、恩诺沙星、硫酸卡那霉素、头孢类等药物肌内注射，具有一定治疗效果。

五、寄生虫病

（一）鸭球虫病

鸭球虫病是由艾美耳科中的泰泽属、温扬属、等孢属以及艾美耳属中的 10 多种球虫寄生于鸭肠道中的一类原虫病。其中常见的鸭球虫种类有毁灭泰泽球虫、菲莱温扬球虫、裴氏温扬球虫、鸳鸯等孢球虫、巴氏艾美耳球虫等。

1. 流行病学

鸭球虫病只感染鸭，对鸡、鹅等禽类不感染。不同日龄鸭各种鸭球虫的易感性有所不同，其中泰泽属球虫多见于小鸭，危害性较大；温扬属球虫对小鸭和中大鸭都有致病性；鸳鸯等孢球虫对小鸭易感性强；而鸭艾美耳球虫多见于中大鸭。以往文献报道只有泰泽属和温扬属球虫对鸭有致病性，随着饲养环境的改变和恶化，鸭等孢球虫和艾美耳球虫对鸭的致病性也逐渐增强。

2. 临床症状

急性病例往往出现突然发病，病鸭精神委顿，减料，排出巧克力样或黄白色稀粪，有些粪便中还带血（图2-78）。有时可见粉红色粪便黏附在肛门口（图2-79）。病程短，发病急，1~2天后死亡数量就急剧增加，用一般抗生素治疗均无效，发病率30%~90%，死亡率30%~70%。耐过病鸭逐渐恢复食欲，死亡减少，但生长速度相对会减缓。慢性病例则出现消瘦，拉稀，排出巧克力样稀粪，死亡率相对较低。

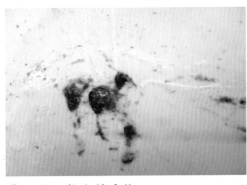

图 2-78 拉血便症状

图 2-79 血便黏附在肛门周围羽毛

3. 病理变化

小肠和盲肠外壁有许多白色小坏死点（图2-80），少数也有红色小出血点，切开肠道可见小肠为卡他性肠炎或出血性肠炎（图2-81），内容物为白色糊状物并带一些血液，有些病例的肠道内仅为水样内容物。肠内黏膜上可见许多点状出血。个别盲肠肿大，内容物为巧克力样粪便。

图 2-80　小肠外壁有白色坏死点

图 2-81　小肠内膜出血

4. 诊断

根据流行病学、临床症状、病理变化可出成初步诊断。必要时可刮取病变肠内容物进行镜检，检到大量卵囊、裂殖体、裂殖子即可确诊（图2-82、图2-83、图2-84）。在急性病例中往往只能检到大量裂殖子而检不到卵囊。至于是哪一种球虫，需对卵囊进行培养，观察孢子化卵囊形态和结构进行鉴定（图2-85）。

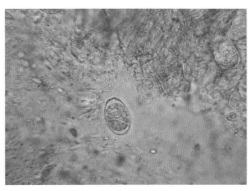

图 2-82　鸭温扬球虫的卵囊形态

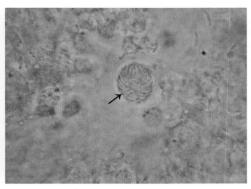

图 2-83　裂殖体形态

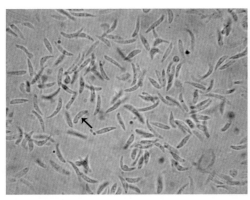
图 2-84　裂殖子形态

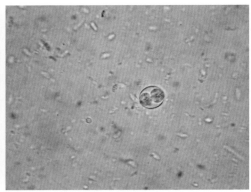
图 2-85　鸭等孢球虫的孢子化卵囊形态

在临床上此病要与禽巴氏杆菌病、鸭大肠杆菌病、禽流感以及中毒性疾病进行鉴别诊断。

5. 防治措施

（1）预防：改善饲养管理条件，保持鸭场内环境卫生干净和干燥。少喂青绿饲料或不到池塘内放牧，有条件的鸭场可采用网上饲养，可减少此病的发生。有发生过鸭球虫病的鸭场易形成疫源地，以后每批鸭都易患此病，要提早定期预防。

（2）治疗：可选用磺胺间甲氧嘧啶钠、磺胺喹噁啉、地克珠利、磺胺氯吡嗪钠等药物进行治疗，均有较好效果。对于严重病例（不吃料），可采用全群肌内注射磺胺间甲氧嘧啶钠注射液（按每千克体重 50~100 毫克），可获得较好效果。为了提高治疗效果，在临床上可同时使用 2 种抗球虫药（如磺胺类药物和地克珠利）。

（二）鸭绦虫病

此病主要是由膜壳科和戴维科中的几十种绦虫寄生在鸭小肠和直肠内的一类寄生虫疾病总称。其中常见的有鸭矛形剑带绦虫病、冠状双盔绦虫病、片形縫缘绦虫病、福建单睾绦虫病、四角赖利绦虫病等。

1. 流行病学

此病主要感染鸭、鹅等水禽。不同日龄的鸭均易感，其中幼鸭和中鸭更易感，而成鸭往往成为带虫者。传播途径主要是通过吞食了含中间宿主（如剑水蚤、普通镖水蚤以及甲壳类、螺类等）的青绿饲料（如水浮莲、日本水仙、青萍等）而被感染。此病一年四季均可发生，但夏秋季节相对较多。

2. 临床症状

病鸭食欲不振，生长发育受阻，贫血，消瘦，并有不同程度的拉稀症状。在雏鸭常出现因绦虫阻塞小肠造成死亡。此外，常见病鸭排出白色带状的绦虫混于粪便中或白色带状虫体悬附在肛门口，易被其他鸭争相啄食。

3. 病理变化

病鸭喙部和肌肉苍白。小肠肿大明显，小肠内可见许多白色带状的绦虫（图2-86）。

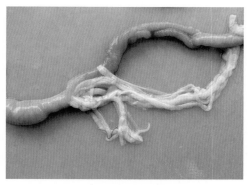

图 2-86　小肠内寄生大量绦虫

4. 诊断

根据临床症状、病理变化基本上可做出初步诊断。在粪便中检出大量绦虫节片或虫卵也可用进行诊断（图2-87、图2-88、图2-89、图2-90）。要确诊是哪一种绦虫需在显微镜下对绦虫头节、节片等结构进行观察测量后才能确定。

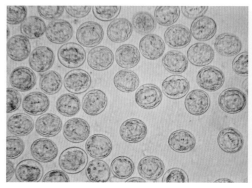

图 2-87　鸭绦虫的虫卵形态

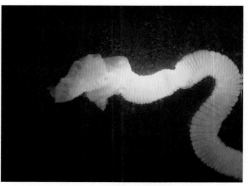

图 2-88　鸭片形缝缘绦虫的头节形态

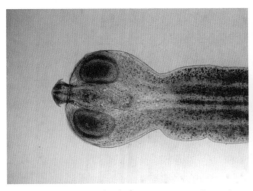 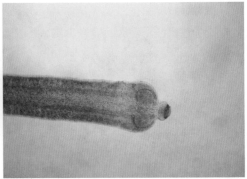

图 2-89　鸭福建单睾绦虫的头节形态　　图 2-90　鸭冠状双盔绦虫的头节形态

5. 防治措施

（1）预防：首先要加强饲养管理，尽量避免鸭吃到受污染的青绿饲料，也不要到发生过此病的水域进行放牧。其次每年定期驱虫 2~3 次，并对粪便以及排泄物进行集中堆放或焚烧处理。

（2）治疗：常用治疗绦虫的药物有：氯硝柳胺（又称驱绦净，按每千克体重 20~60 毫克一次性投药）或硫双二氯酚（又称别丁，按每千克体重 30~50 毫克拌料）或阿苯达唑（按每千克体重 20~25 毫克拌料）或吡喹酮（按每千克体重 10~20 毫克拌料）。发生过此病的鸭场易形成疫源地，以后每批鸭都易发病，所以要特别加强消毒和粪便清理等净化措施，必要时要停场或换场饲养。

（三）鸭吸虫病

此病是由吸虫纲中众多吸虫种类寄生在鸭体内的一类寄生虫病的总称。常见的鸭吸虫病有鸭卷棘口吸虫病（图 2-91）、宫川棘口吸虫病（图 2-92）、曲颈棘缘吸虫病、凹形隐叶吸虫病（图 2-93）、背孔吸虫病（图 2-94）、前殖吸虫病、舟形嗜气管吸虫病、小异幻吸虫病、东方杯叶吸虫

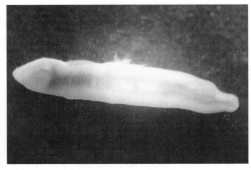

图 2-91　鸭卷棘口吸虫的虫体形态

病以及盲肠杯叶吸虫病（图 2-95）等。其中以鸭卷棘口吸虫病、宫川棘口吸虫病的感染率最高，可达 30%；以鸭盲肠杯叶吸虫病的死亡率最高，可达 50% 以上。

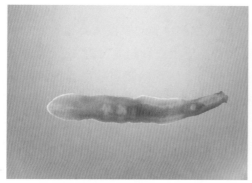

图 2-92　鸭宫川棘口吸虫的虫体形态

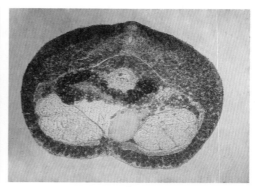

图 2-93　鸭凹形隐叶吸虫的虫体形态

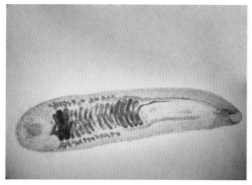

图 2-94　鸭纤细背孔吸虫的虫体形态

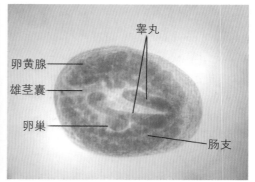

图 2-95　鸭盲肠杯叶吸虫的虫体形态

1. 流行病学

不同种类的吸虫，其易感鸭品种有所不同。鸭吸虫的生活史一般都经历 1~2 个中间宿主。其中第一中间宿主为淡水螺，第二中间宿主有淡水螺、鱼、蜻蜓、蝌蚪以及其他水生动植物。此病的发生与鸭在野外放牧觅食到相应的中间宿主（特别是第二中间宿主）有关。一年四季均可发生，其中以夏秋季节相对多发。

2. 临床症状

鸭吸虫病的一般性症状有食欲不振、生长发育受阻、贫血、消瘦、拉稀，甚至死亡等。此外不同的鸭吸虫病，其表现症状有所不同，如鸭舟形嗜气管吸虫病的咳嗽症状明显；鸭盲肠杯叶吸虫病表现拉稀和死亡率高；鸭前殖吸虫病在蛋鸭表现为输卵管炎症（如产软壳蛋和畸形蛋）。

3. 病理变化

不同的鸭吸虫病，其病理变化也有所不同，如鸭小异幻吸虫病会导致十二指肠肿大明显；鸭舟形嗜气管吸虫病会导致气管炎症出血和阻塞（图2-96）；鸭盲肠杯叶吸虫病会导致盲肠异常肿大（图2-97）；鸭前殖吸虫病会导致输卵管炎症水肿；鸭凹形隐叶吸虫病会导致小肠肿大坏死。

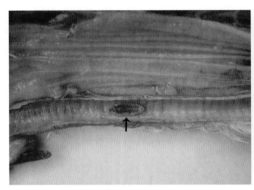

图2-96 鸭舟形嗜气管吸虫寄生在气管内

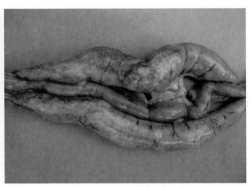

图2-97 鸭盲肠杯叶吸虫病导致盲肠肿大坏死

4. 诊断

根据不同吸虫的大小、形态以及内部结构特点进行鉴别确诊。此外，在粪样中检出椭圆形黄色虫卵也可对吸虫病做出初步诊断（图2-98）。

5. 防治措施

（1）预防：改变放牧鸭饲养方式（改放牧为舍饲）。对放牧鸭要定期采用广谱抗蠕虫药物或抗吸虫药物进行预防驱虫。

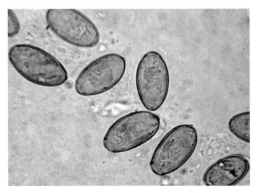

图2-98 鸭吸虫的虫卵形态

（2）治疗：可采用广谱抗蠕虫药物（如阿苯达唑，按每千克体重25毫克，

连用 3 天）或抗吸虫药物（如吡喹酮，按每千克体重 10~25 毫克，一次性内服）或硫双二氯酚（按每千克体重 30~50 毫克，一次性内服）均有较好治疗效果。

（四）鸭线虫病

此病是由线虫纲中多种线虫寄生在鸭体内的一种寄生虫病的总称。常见的有鸭台湾鸟龙线虫病、纤形线虫病、蛔虫病等，以下以鸭台湾鸟龙线虫病为例来介绍。

1. 流行病学

此病主要侵害 3~8 周龄的雏鸭，成年鸭未见发病。此病的发生具有明显的地域性，可造成地方流行性。在夏天由于水温高，剑水蚤大量增殖，水田放牧鸭的发病率较高。

2. 临床症状

病鸭消瘦，生长缓慢。最明显的症状是在腮、咽等皮肤出现肿胀（图2-99），初时比较硬，几天后逐渐变软。局部肿胀明显，可压迫眼睛导致结膜炎或瞎眼。有时结节会出现在病鸭的腿部。随着病情发展，局部出现破溃，肉眼可见创面有虫体活动的痕迹或虫体残留断片。严重病例可导致病鸭死亡，死亡率可达 10%~40%。

图 2-99　咽部皮肤肿胀

3. 病理变化

患部流出凝固不全的稀薄血液和白色液体，造成局部炎症增生或炎症坏死。

4. 诊断

根据流行病学、临床症状、病理变化可做出初步诊断。确诊需在病变部位找出细长的白色虫体（图2-100）。

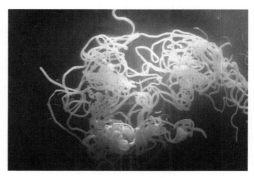

图 2-100　鸭台湾鸟龙线虫的虫体形态

5. 防治措施

（1）预防：加强雏鸭管理，在此病流行季节不要到水田放牧，对病鸭及时隔离治疗，以免病原扩散。

（2）治疗：此病的治疗要尽早，可用 1% 碘溶液或 0.5% 高锰酸钾溶液对局部结节注射 1~3 毫升可杀灭虫体，结节可在 10 天内逐渐消肿。对全群其他鸭要用广谱驱虫药（如阿苯达唑或左旋咪唑）进行驱虫处理。

（五）鸭体外寄生虫病

此病是由节肢动物寄生在鸭体表或羽毛的一类寄生虫疾病的总称。其中常见的有鸭皮刺螨、羽虱、有齿鹅鸭羽虱（图 2-101）、黄色柱虱（图 2-102）等。以下着重介绍有齿鹅鸭羽虱。

 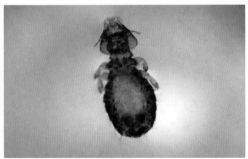

图 2-101　鸭有齿鹅鸭羽虱的虫体形态　　图 2-102　鸭黄色柱虱的虫体形态（♀）

1. 流行病学

有齿鹅鸭羽虱主要寄生在鸭和鹅的体表和羽毛，在冬春季节多发，多与鸭舍卫生条件差、设备陈旧有关。

2. 临床症状与病理变化

主要表现脱毛，瘙痒，渐进性消瘦，减蛋等临床症状。在病鸭的皮肤和羽毛上清晰可见细长的虫体在爬动（图 2-103）。

图 2-103　有齿鹅鸭羽虱寄生在鸭羽毛上的症状

3. 诊断

虫体的雄虫长 1.35~1.50 毫米,雌虫长 1.50~1.75 毫米,唇基部膨大,内有 1 个铆钉状白色斑,头部两侧有指状突起。腹面的两侧有钉状刺。触角短,呈丝状。两颊缘较圆,有狭缘毛和刺。头后缘平直。前胸较短,后侧缘稍圆,后侧角有长毛 1 根,刺毛 1 根。中胸和后胸愈合呈六角形或梯形,后缘毛有 10~12 根。雄性生殖器的基板长大于宽,其"V"形结构较长,在内板透明域内 10 个齿形成支持刷,有 1 个几丁质化的无柄刀状结构。腹部呈长卵圆形,后部各节的后角均有 2~3 根长毛。

4. 防治措施

(1)预防:加强鸭群的饲养管理,做好环境卫生,定期对鸭舍进行消毒和灭虫处理,有使用垫料的鸭舍要及时更新垫料。

(2)治疗:发病时主要采用溴氰菊酯溶液(按每升水添加 0.1~0.2 毫升)对鸭群进行喷洒,每周 2~3 次。此外,可在饲料中添加广谱抗寄生虫药物,如伊维菌素(按每千克体重 0.2 毫克,连用 3 天)。对个别严重的病鸭可使用溴氰菊酯溶液药浴治疗。

六、非生物引致的鸭病

（一）鸭痛风

1. 病因

（1）长期饲喂过量的蛋白质饲料（如蛋白质水平超过30%）。

（2）饲料中维生素A缺乏以及饲料中高钙、低磷。

（3）某些药物使用不当造成肾脏损害，影响尿酸盐排泄功能（如磺胺类中毒）。

（4）管理上不当（如缺少水、鸭舍拥挤、长途运输等）易诱发此病的发生。

2. 临床症状

发生过程一般比较缓慢（药物中毒除外），依尿酸盐沉积部位的不同可分为内脏型和关节型2种类型。

（1）内脏型痛风：精神不振，食欲减退，逐渐消瘦，粪便较稀且含大量的尿酸盐，肛门周围羽毛往往会沾有石灰样粪便。零星死亡。产蛋鸭还表现产蛋率减少。

（2）关节型痛风：软脚，跛行，行动迟缓。关节肿大、变硬，有时肿胀部位破溃后流出白色黏稠状的尿酸盐。

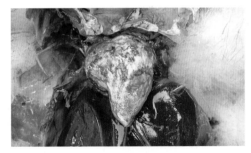

图 2-104　心包膜有尿酸盐沉积

3. 病理变化

（1）内脏型痛风：内脏器官（如心包膜、肝脏、肠系膜、肾脏等）表面散布一层白色石灰粉样物质（图2-104）。肾脏肿大明显呈花斑状，输尿管肿大，内蓄积大量尿酸盐，严重时可见输尿管产生结石（图2-105）。

图 2-105　肾脏有尿酸盐沉积

（2）关节型痛风：关节肿大，切开关节腔可流出含尿酸盐的白色黏液。有时在关节周围组织也能见到上述白色沉淀物（图2-106）。

4. 诊断

根据临床症状和病理变化可做出初步诊断。必要时可抽血进行血清中尿酸含量测定。

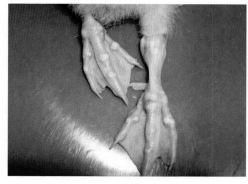

图 2-106　关节可见白色沉淀物

5. 防治措施

（1）预防：要根据鸭不同日龄、不同阶段的生长性能进行合理的饲料配方，严格控制配方中蛋白质含量，同时调整好日粮中钙、磷比例，适当提高饲料中多种维生素含量（特别是维生素 A 含量），保证鸭群充足的饮水，避免滥用磺胺类等对肾脏毒副作用较强的药物。

（2）治疗：对已发生此病的鸭群，首先要尽快排除病因，在保证充足的饮水前提下可按说明使用通肾药物，对此病有一定的治疗效果。对严重的痛风，特别是关节型痛风治疗效果较差。此外可使用中草药如车前草、金钱草、金银花、甘草等煎水后让鸭自由饮用 3~5 天，也有一定效果。

（二）肉鸭腹水症

1. 病因

导致肉鸭腹水症的原因较多，包括种鸭先天性遗传、鸭苗孵化过程中缺氧、雏鸭育雏期间的饲养密度过大、通风不良、舍内二氧化碳或一氧化碳及氨气浓度过高、日粮中含有毒的物质以及维生素 E、硒缺乏等原因。

2. 临床症状

不同日龄和不同品种的鸭发病率有所不同，其中番鸭的发病率比较高，半番鸭其次。发病主要集中在 5~40 日龄，有时到上市日龄鸭仍有此病的发生。在寒冷季节此病会多见些。主要表现为鸭喜卧，不愿走动，精神沉郁，食欲下降，喙和脚蹼出现发绀。最明显的临床症状是腹部膨大、下垂，触之

松软，有波动感，受应激后（如打针）
易死亡。在雏鸭则表现为腹部膨大，
触之较硬。

3.病理变化

腹腔内含有大量淡黄色积液（图
2-107），有时可形成胶冻样。肝脏肿
大变硬，表面附有一层淡黄色的胶冻
样渗出物（图 2-108），有时肝脏表
面出现一些淡黄色的渗出物。心脏肿
大，心肌松软（图 2-109），右心室
极度扩张，心壁变薄，心包积液，肺
脏水肿，肾脏肿胀。

4.诊断

根据临床症状、病理变化可做出
初步诊断。

5.防治措施

（1）预防：加强种鸭的饲养管理，
做好孵化室、育雏室的通风工作，不
喂发霉变质的饲料，同时饲料中适当
增加维生素 E 含量对预防此病有一定
效果。

（2）治疗：此病无特效的治疗药
物。在雏鸭保育期间若发现有腹水症
的雏鸭(腹部大而硬)要及时挑出淘汰。
在饲料中添加一些维生素 E 和亚硒酸
钠，以及一些利尿剂（如氢氯噻嗪）
对轻度腹水症有一定效果。

图 2-107　腹腔积水

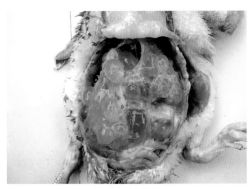

图 2-108　腹腔有胶冻样渗出物

图 2-109　心脏肿大，心肌松软

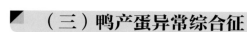

（三）鸭产蛋异常综合征

1. 病因

（1）饲料因素：如饲料中多种维生素、鱼粉、蛋白质或其他原料品质不良或配方搭配不合理（如钙、磷比例不恰当）或饲料中加入味道较苦的兽药导致采食量下降等因素。

（2）管理因素：遇到不良应激（如天气转变、转场、打针、老鼠掠扰等）会不同程度地导致产蛋率和蛋品质下降。

（3）传染病因素：如鸭群感染致病性大肠杆菌、H_5 亚型禽流感、产蛋下降综合征、黄病毒病、霉菌毒素中毒等均可出现不同程度的产蛋率下降和产蛋异常。

2. 临床症状

由于饲养管理方面原因导致的产蛋异常（图2-110），一般无死亡现象，在找出原因进行针对性处理后产蛋率和蛋壳质量可逐渐恢复正常。而传染病因素产生的产蛋异常，会出现病鸭精神沉郁，咳嗽，不同程度的采食量下降，拉黄白色稀粪或带黏液性稀粪，每天都会出现一些脱肛病鸭（图2-111），在水中游玩时尾羽下沉，每天都出现一些病鸭死亡。发病率和死亡率随着不同的病原而异。

图2-110 产蛋异常

图2-111 脱肛症状

3. 病理变化

饲养管理不良导致的产蛋异常，一般无明显的剖检病变。而由传染病因素造成产蛋异常的病死鸭，卵巢上卵泡充血、出血，有时卵泡萎缩变性，有时卵泡破

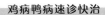

裂于腹腔中形成卵黄性腹膜炎，输卵管黏膜出血或水肿，有时在输卵管中附有大量黏液性或堆积一些变性的蛋黄凝乳块，多数病例在输卵管下端可见似动物膀胱状的积水（实际为蛋清）。肛门口出现炎症坏死。

4. 诊断

对于饲养管理方面因素造成的产蛋异常只要调整相应措施即可恢复正常产蛋；而对传染性因素造成的产蛋异常，可依据临床症状、病理变化做出初步诊断并结合化验室进行病原确诊。

5. 防治措施

（1）预防：加强饲养管理，特别强调要保证饲料中多种维生素、鱼粉、氨基酸、蛋白质的质量，并注意各营养物质含量之间的均衡。保持鸭舍安静，尽量减少各种不良应激。此外，最重要的是做好相关传染病的疫苗免疫接种工作（如H_5亚型禽流感、鸭黄病毒病等）。

（2）治疗：一旦发生产蛋异常，应尽早找出病因并采取针对性的处理措施。若由于饲养管理不良引起，可在饲料中添加一些多种维生素或鱼肝油粉，在短期内可明显改善鸭蛋品质和产蛋率。若由于H_9亚型禽流感、鸭减蛋综合征、黄病毒病等传染病因导致的减蛋异常，可采用一些抗病毒中药（如黄连解毒散、清瘟解毒口服液等）进行治疗。

（四）鸭啄癖症

1. 病因

（1）饲料因素：饲料中蛋白质缺乏，特别是含硫氨基酸（如蛋氨酸）缺乏以及钙、磷、锌、锰等矿物质元素缺乏或比例不协调或饲料中食盐、维生素含量不足等原因均可导致啄癖症。

（2）管理因素：饲养密度过大、鸭群过于拥挤、运动场所太少、鸭舍的光线太强等原因均可导致鸭啄癖症。

（3）体外寄生虫因素：体外寄生虫（如羽虱）也有可能产生啄癖症。

2. 临床症状

此病在中鸭长大羽毛时期较常见。可见不同个体的鸭相互啄食彼此的羽毛，有时也啄食自身的羽毛或已脱落在地上的羽毛，造成鸭背后部或尾根的羽毛稀疏或残缺不齐（图2-112），皮肤还出现充血、出血或形成痂皮。成年母鸭出现啄癖症时还会出现产蛋率下降或产蛋停止现象。

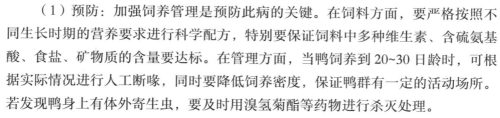

图2-112　啄毛症状

3. 病理变化

除了皮肤出现充血、出血及形成痂皮外，无其他明显的内脏病理变化。

4. 诊断

根据临床症状即可做出诊断。

5. 防治措施

（1）预防：加强饲养管理是预防此病的关键。在饲料方面，要严格按照不同生长时期的营养要求进行科学配方，特别要保证饲料中多种维生素、含硫氨基酸、食盐、矿物质的含量要达标。在管理方面，当鸭饲养到20~30日龄时，可根据实际情况进行人工断喙，同时要降低饲养密度，保证鸭群有一定的活动场所。若发现鸭身上有体外寄生虫，要及时用溴氢菊酯等药物进行杀灭处理。

（2）治疗：日龄较小的鸭群出现啄癖时，可采取断喙处理，同时在饲料中添加1.5%~2%石膏粉，连用7天；或添加2%的食盐，连用3~4天（但不能长期使用，否则会发生中毒）。此外，在饲料中多添加一些蛋白质、蛋氨酸、多种维生素对此病也有一定辅助治疗效果。对于啄癖造成外伤的鸭要及时挑出，并用甲紫或硫酸庆大霉素涂擦患处进行局部处理。

（五）鸭感冒

1. 病因

各种日龄鸭均可发生感冒，其中以20日龄以内的雏鸭较常见。常见的原因有：因长途搬运鸭苗时受到风吹、在育雏室中保温时温度不稳定、鸭群突然受到冷空气刺激、在野外放牧时遇到雨淋等因素均可造成鸭感冒。在育雏室中的空气质量差（如氨气浓度大）会加重病情。

2. 临床症状

精神沉郁，体温略升高，食欲正常或略减少，行动迟缓。最明显的表现是呼吸道症状：呼吸急促，鼻子流水样或黏稠的鼻液，打喷嚏，咳嗽明显。严重的可见眼结膜潮红，流眼泪（图 2-113），有时可听到呼吸道啰音。发病率 10%~80%，但死亡率较低。死亡病例多因气管被黄色干酪样分泌物阻塞窒息而死亡。病程 3~5 天，若不

图 2-113　流眼泪

及时治疗，有可能进一步发展为肺炎，或继发感染鸭传染性浆膜炎、鸭大肠杆菌病等疾病。

3. 病理变化

鼻腔、咽喉及气管有较多黏液。病程稍长的病例可见气管和支气管内有干酪样阻塞物。气管和支气管充血、出血。严重的可见肺部有充血、出血和肺脏坏死。

4. 诊断

根据临床症状、病理变化以及参考饲养环境条件因素等可做出初步诊断。在临床上要与传染性浆膜炎和 H_5 亚型禽流感的初期症状进行鉴别诊断。

5. 防治措施

（1）预防：在育雏室保温时，既要做到日夜温差相对稳定，又要做到通风换气。某些品种鸭如番鸭在冬季要保温到 20 天以上。在野外放牧时要注意防止雨淋。平时饲养管理过程中要注意环境温度的变化，遇到冷空气来临时要做好鸭舍的保温工作（特别是番鸭）。在长途运输过程中不要用冷水直接喷到鸭身上，以免发生感冒。

（2）治疗：治疗感冒的药物很多，可选用红霉素、恩诺沙星、阿莫西林、强力霉素、酒石酸泰乐菌素或磷酸替米考星等药物，连用 3~5 天。临床症状严重时可配合一些降体温药物（如安乃近片）或化痰药（如氯化铵）或平喘药（如麻黄碱）、止咳药（如甘草），以提高治愈率和治疗效果。在临床上对严重的病例

可全群肌内注射阿莫西林（按每千克体重 25~40 毫克）等抗生素，每天 1 次，连用 2 天，可获得良好效果。

（六）鸭弱雏

1. 病因

（1）由年轻种鸭或年老母鸭所生的种蛋而孵化出的鸭苗。

（2）种鸭发生或隐性感染某些传染病、使用违禁药物后所生的种蛋而孵出的鸭苗。

（3）种蛋饲料营养搭配不良或缺乏某些成分。

（4）种蛋孵化过程中温度、湿度不稳定或其他因素造成雏鸭出壳推迟。

2. 临床症状

1~5 日龄内的雏鸭怕冷、打堆，精神沉郁，鸣叫不停，吃食减少。体重轻，羽毛干而黄（图 2-114），并有不同程度的拉稀症状。死亡率高达 50%~80%。

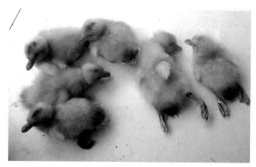

图 2-114　体重轻，羽毛干而黄

3. 病理变化

脚皮肤干燥脱水，腹部膨大，卵黄吸收不良（图 2-115、图 2-116），有的卵黄变绿，有的卵黄与肠系膜粘连。病死鸭还有肠炎病变。

图 2-115　卵黄吸收不良

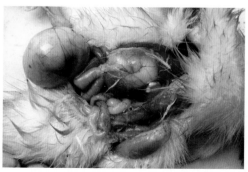

图 2-116　腹部膨大，卵黄吸收不良

4. 诊断

根据发病日龄、临床症状以及病理变化可做出初步诊断。

5. 防治措施

（1）预防：首先要做好种鸭的饲养管理工作。年轻母鸭或老母鸭所生的鸭蛋不能做种蛋，种鸭发病或用药期间所生的蛋也不能做种蛋。平时要多添加一些多种维生素和氨基酸来提高种鸭的抗病力。

（2）治疗：首先要做好育雏室的保温工作，在饮水中可适当添加一些水溶性多种维生素和一些抗生素（如盐酸环丙沙星、阿莫西林或氟苯尼考等）。对死亡率较高的鸭群可皮下注射头孢噻呋钠（每羽 0.1 毫克，每天 1 次，连续注射 2~3 次），对控制弱雏有一定效果。

（七）鸭一氧化碳中毒

1. 病因

在育雏保温时采用煤炉加热保温或保温时不安装烟筒或保温室内通风不良造成空气中的一氧化碳含量超标，从而导致雏鸭中毒死亡。

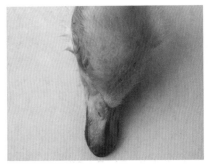

图 2-117　鸭喙发绀

2. 临床症状

烦躁不安、嗜睡、流泪、呼吸困难（张口呼吸）、运动失调，继而表现站立不稳，卧于一侧。临死前表现痉挛和惊厥，最后昏迷而死亡。死亡速度快，死亡率 10%~60%，严重时可达 100%。

3. 病理变化

可视黏膜和肌肉呈樱桃红色。血液稀薄，鲜红色，不易凝固。肺脏淤血或点状出血、肺脏切面流出带泡沫的鲜红色液体。脚趾和喙部呈紫红色或发绀（图 2-117、图 2-118），

图 2-118　脚趾发绀

甚至黑色。

4. 诊断

根据有吸入一氧化碳历史以及血液鲜红色，可视黏膜和脚趾为紫红色，死亡率高，死亡速度快可做出诊断。

5. 防治措施

（1）预防：保温室要经常检查取暖和排气设施是否安全，要防止烟囱漏气、倒烟。同时要保持室内通风良好，遇到有相应症状时要及时采取通风措施。

（2）治疗：一旦发生中毒时，要立即打开门窗，排出蓄积的一氧化碳气体，更换新鲜空气。同时要查明原因，采取必要的补救措施。在饮水中可添加1%~2%葡萄糖液增加肝脏解毒功能，半天后病鸭群一般都能恢复正常。

（八）鸭肉毒梭菌毒素中毒

1. 病因

野外放牧的鸭（以产蛋麻鸭居多）吃到腐败的死鱼或其他腐败的动物尸体，以及啄食到动物尸体上繁殖出来的蝇蛆均易发生中毒现象。此外，饲料中动物性蛋白质变质（如鱼粉）也会造成此病的发生。

2. 临床症状

部分病鸭出现闭目，蹲伏，软脚，不爱走动。翅膀张开不断地在地上拍动，严重时还出现软颈现象（即头无力着地，又称软颈病）（图2-119），吃料正常，有时可见拉黄白色稀粪，死亡快（中毒后半天到一天内）。若软脚鸭放在水中，由于无力爬上岸往往容易被淹死。

图2-119　软颈、软脚

3. 病理变化

死亡后鸭颈部很软，在肝脏边缘可见树枝状出血（图2-120）。有时在腺胃内可检出死虫子（图2-121）。部分病死鸭有肠炎病变。其他内脏无明显病变。

图2-120　肝脏表面树枝状出血　　　　图2-121　腺胃内检出死虫子

4. 诊断

根据病史、临床症状以及病理变化可做出诊断。

5. 防治措施

（1）预防：在平时饲养管理过程中要避免鸭吃到死鱼或其他腐败动物尸体以及蝇蛆等。在鸭放牧的范围内，一旦发现有腐败动物尸体，要立即挑捡掉，并把蝇蛆等清理干净。

（2）治疗：此病无特效治疗药物。中毒较深的病鸭（即同时出现软脚和软颈现象）基本上都会死亡；软脚、头部仍可以抬起的病鸭，可肌内注射或口服硫酸阿托品（按每千克体重0.1~0.2毫克）进行解救，每天2次，有一定的效果。对可疑鸭群，喂一些多种维生素或葡萄糖进行预防。此外，也可采用中药煎汤饮水，如用防风6克、穿心莲5克、绿豆10克、甘草15克、红糖10克，水煎后供15只鸭饮用。

主要参考文献

[1] 江斌，林琳，吴胜会，等.鸡鸭疾病速诊快治 [M].福州：福建科学技术出版社，2013.

[2] 中国农科院哈尔滨兽医研究所.动物传染病学 [M].北京：中国农业出版社，1999.

[3] 曾振灵.兽药手册 [M].北京：化学工业出版社，2012.

[4] 黄一帆.畜禽营养代谢病与中毒病 [M].福州：福建科学技术出版社，2000.

[5] 黄瑜，苏敬良，王根芳.鸭病诊治图谱 [M].福州：福建科学技术出版社，2004.

[6] 江斌，吴胜会，林琳，等.畜禽寄生虫病诊治图谱 [M].福州：福建科学技术出版社，2012.

[7] 杜元钊，朱万光.禽病诊断与防治 [M].济南：济南出版社，1998.

[8] 陆新浩，任祖伊.禽病类症鉴别诊疗彩色图谱 [M].北京：中国农业出版社，2011.

[9] 陈少莺，陈仕龙，林锋强，等.一种新的鸭病（暂名鸭出血性坏死性肝炎）病原学研究初报 [J].中国农学通报，2009，（16）：28-31.

[10] 曹贞贞,张存,黄瑜,等.鸭出血性卵巢炎的初步研究 [J].中国兽医杂志，2010，（12）：3-7.

[11] 陈仕龙，陈少莺，王劭，等．一种引起蛋鸡产蛋下降的新型黄病毒的分离与初步鉴定 [J].福建农业学报，2011（2）：170-174.

[12] 林琳，江斌，吴胜会，等.杯叶吸虫属一新种——盲肠杯叶吸虫（*Cyathocotyle caecumalis* sp.nov）研究初报 [J].福建农业学报，2011（2）：184-188.

[13] 江斌.一例肉鸡心包积液综合征的诊治与体会 [J].福建畜牧兽医，2016（6）：55-57.

[14] 陈少莺，程晓霞，陈仕龙，等.半番鸭短喙矮小综合征研究简报 [J].福建农业科技，2015（7）：23-25.

[15] 陈仕龙，俞博，肖世峰，等.鸭2型腺病毒感染导致番鸭"肝白化病"的研究 [J].福建农业科技，2017（8）：1-3.